边坡工程防治技术

主　编　王明秋　蒋洪亮
副主编　覃　伟　成六三　刘鸿燕
　　　　马德君　刘树林
主　审　黄　伟

重庆大学出版社

内容提要

本书紧密结合我国最新边坡工程和岩土工程等领域规范编写。全书共 8 个项目,内容包括绪论,边坡分类及破坏特征,边坡工程勘察,边坡稳定性评价,边坡工程防治技术设计,边坡工程排水,边坡绿化工程概述,以及边坡工程施工、监测、质量检验及验收。本书力求结构严谨、内容精练、概念清晰,实用性强。在内容选择上,编者一方面结合行业企业实际需求和最新规范标准引入了许多工程案例,另一方面,编者结合专业办学特色以及教师长期教学经验编入了有利于提高学生综合能力的内容。本书强调启发式、引导式教学思想,注重培养学生学习能力和工程实践应用技能,注重计算机技术在课程中的应用。同时,本书留有一定余量,为教师取舍和学生多练提供了选择。

本书可作为高等职业教育本专科水文与工程地质和岩土工程专业的教材,也可作为国土资源调查与管理、地质灾害调查与防治、矿山地质、地下与隧道工程技术、土木工程等专业师生的教学用书,还可作为从事建筑、道路、桥梁、市政、水电、采矿等行业或参加国家注册土木工程师(岩土)的广大工程技术人员的参考用书。

图书在版编目(CIP)数据

边坡工程防治技术 / 王明秋,蒋洪亮主编. -- 重庆:
重庆大学出版社,2021.6
高职高专工程测量技术专业及专业群教材
ISBN 978-7-5689-2738-3

Ⅰ.①边… Ⅱ.①王…②蒋… Ⅲ.①边坡防护—高
等职业教育—教材 Ⅳ.①TD854

中国版本图书馆 CIP 数据核字(2021)第 136482 号

边坡工程防治技术

主　编　王明秋　蒋洪亮
副主编　覃　伟　成六三　刘鸿燕
　　　　马德君　刘树林
主　审　黄　伟
策划编辑:周　立
责任编辑:李定群　　版式设计:周　立
责任校对:刘志刚　　责任印制:张　策

*

重庆大学出版社出版发行
出版人:饶帮华
社址:重庆市沙坪坝区大学城西路 21 号
邮编:401331
电话:(023)88617190　88617185(中小学)
传真:(023)88617186　88617166
网址:http://www.cqup.com.cn
邮箱:fxk@ cqup.com.cn(营销中心)
全国新华书店经销
重庆长虹印务有限公司印刷

*

开本:787mm×1092mm　1/16　印张:12.25　字数:316 千
2021 年 6 月第 1 版　　2021 年 6 月第 1 次印刷
印数:1—2 000
ISBN 978-7-5689-2738-3　定价:42.00 元

前 言

本书按照"任务驱动、项目导向"教学模式编写,并注意吸收和借鉴近年来出版的相关教材的优点。其内容结合《建筑边坡工程技术规范》(GB 50330—2013)、《岩土工程勘察规范(2009 年版)》(GB 50021—2001)、《公路路基设计规范》(JTG D30—2015)、《建筑结构荷载规范》(GB 50009—2012)、《建筑抗震设计规范(2016 年版)》(GB 50011—2010)、《建筑地基基础设计规范》(GB 50007—2011)等规范,力求结构严谨、内容精练、概念清晰,实用性强。

本书是重庆工程职业技术学院立项中央财政支持的水文与工程地质专业服务社会能力提升项目的建设成果的延伸。全书共 8 个项目,项目 1 绪论,主要介绍本课程的目的任务、研究内容、研究方法等;项目 2 边坡分类及破坏特征,主要介绍边坡分类原则和方法,边坡的地质结构及其破坏特征;项目 3 边坡工程勘察,主要介绍边坡勘察技术要求,勘察资料的分析整理等;项目 4 边坡稳定性评价,主要介绍边坡稳定性判别标准、工程地质类比法、赤平投影法、刚体极限平衡法、影响边坡稳定性的因素等;项目 5 边坡工程防治技术设计,主要介绍边坡工程防治基本原则、边坡坡率与坡形设计、重力式挡土墙设计、悬臂式挡墙和扶壁式挡墙设计、锚杆(索)设计、加筋技术、加筋挡土墙和岩石锚喷技术等措施;项目 6 边坡工程排水,主要介绍边坡工程排水的一般要求、地表排水和地下排水的技术要点;项目 7 边坡绿化工程概述,主要介绍边坡绿化的概念及常见的边坡绿化技术;项目 8 边坡工程施工、监测、质量检验及验收,主要介绍边坡工程施工的一般要求、施工常用方法和边坡工程监测与质量检验的技术要点。本书剔除了部分偏难的理论公式和结构计算等内容,着重介绍在实际边坡工程防治中常遇到的有关技术问题,为培养高端技能型人才和应用型人才奠定坚实的基础。

本书内容与推荐学时如下表,可供教学者参考。

项目	内　容	学时数	其中	
			讲课	实习
1	绪　论	2	2	—
2	边坡分类及破坏特征	6	4	2
3	边坡工程勘察	6	4	2
4	边坡稳定性评价	12	10	2
5	边坡工程防治技术设计	16	12	4
6	边坡工程排水	6	6	—
7	边坡绿化工程概述	6	6	—
8	边坡工程施工、监测、质量检验及验收	6	6	—
合　计		60	50	10

本书由重庆工程职业技术学院王明秋、蒋洪亮任主编，重庆工程职业技术学院覃伟、成六三、刘鸿燕以及重庆交通规划勘察设计院马德君、刘树林任副主编，重庆科技学院黄伟主审，全书由王明秋统稿。具体编写分工为：王明秋编写项目1、项目2任务2.3、项目3任务3.2和任务3.3，项目5、项目7、项目8；蒋洪亮编写项目2任务2.1和任务2.2；成六三编写项目3任务3.1；覃伟编写项目4；刘鸿燕编写项目6任务6.1、任务6.2和任务6.3；马德君编写项目6任务6.4；刘树林编写项目6任务6.5；黄伟审阅并提出修改意见。重庆工程职业技术学院地质141班学生何继宇，地质152班学生文丹丹，龙波协助完成了大量教材插图。教材编写过程中，重庆工程职业技术学院李东林教授、黄治云教授、给予了大力支持和帮助。

本书编写过程中参阅了大量相关文献资料，引用了有关单位或者个人的资料，向本书中所引用文献和研究成果的众多作者表示最诚挚的谢意，向所有为本书作出过贡献的同人表示感谢。

限于编者水平和时间仓促，书中疏漏与不足在所难免，恳请各位读者对书中的不妥之处予以指正。来函请寄重庆工程职业技术学院地质与测绘工程学院王明秋或发电子邮件至邮箱(285648015@qq.com)。

编　者

2021年1月

目录

项目 **1**
绪 论

学习内容

本项目主要介绍边坡工程的相关概念、特点、发展历史等。

学习目标

1. 熟练掌握边坡、边坡工程、滑坡的基本概念。
2. 掌握边坡工程的特点和学习方法。
3. 熟悉边坡工程防治技术的发展历史。

任务 1.1　边坡工程防治相关概念与重要性

边坡工程是为解决工程建设过程中所遇到的边坡工程技术问题而发展起来的一门学科。它是从生产实践中总结出来的,实践性和经验性较强的一门学科,在实际工程技术中具有广泛的应用。

当岩土体的表面与水平面夹角不为零时,所形成的外表面即为坡。通常坡角小于10°时,坡面平缓,该类坡相对较稳定,对人类生产、生活影响较小,未引起人们的高度重视;当坡角在10°~30°时,坡面较缓,该类坡在特定条件下将引发有关工程地质问题,对人类生活、生产有一定影响,已引起人们的注意;当坡角在30°~50°时,为陡坡,该类坡在一定条件下易引发安全问题,对人类生活、生产影响很大,已引起人们的高度重视;当坡角大于50°时,为陡壁,该类坡在一定条件下,必将引发安全问题,已引起人们的特别重视;特殊情况下坡角为90°,此时称为直立边坡(峭壁、陡崖和基坑等)。

《建筑边坡工程技术规范》(GB 50330—2013)(以下简称"边坡规范")第2.1.1条提出了边坡的概念,在建筑场地及其周边,由于建筑工程和市政工程开挖或填筑施工所形成的人工边坡和对建(构)筑物安全或稳定有不利影响的自然斜坡。规范中简称"边坡"。

边坡规范第2.1.2条和2.1.3条进一步指出边坡支护和边坡环境的概念。

边坡支护是指为保证边坡稳定及其环境的安全,对边坡采取的结构性支挡、加固与防护行为。

边坡环境是指边坡影响范围内或影响边坡安全的岩土体、水系、建(构)筑物、道路及管网等的统称。

为满足工程需要而对自然边坡和人工边坡进行的改造,称为边坡工程。

边坡稳定问题是边坡改造中经常遇到的问题,如露天矿开挖的斜坡、建筑的切坡、渠道边坡、水库岸坡、隧道进出口边坡、公路或铁路的路堤和路堑边坡、拱坝坝肩边坡等,都涉及大量的边坡稳定问题。边坡失稳塌滑可能严重危及国家财产和人民生命安全。因此,对边坡的正确认识、设计、施工和监测,防止边坡失稳事故的发生,是广大地质工作者和工程设计人员必须考虑的问题。

边坡失稳产生的滑坡、崩塌、滑塌、沉陷、泥石流及错落等可能带来严重的破坏,甚至灾难。例如,1963 年意大利 Vaiont 水库左岸滑坡,使 2.5 亿 m^3 滑体以 28 m/s 的速度下滑到水库,形成 250 多 m 高涌浪,造成下游多人丧生;1980 年我国湖北远安盐池河磷矿发生山崩,100 万 m^3 岩体崩落,摧毁了矿区和坑道的全部建筑物,造成多人死亡(见图 1.1);1989 年 7 月 10 日,四川华莹市溪口镇因崩塌形成的滑坡、泥石流造成多人死亡;2001 年 5 月 1 日,重庆市武隆县县城江北西段发生山体滑坡,造成一栋 9 层居民楼房垮塌、死亡 79 人,阻断了 319 国道新干道,几辆停靠和正在通过的汽车也被掩埋在滑体中(见图 1.2)。

图 1.1　湖北远安盐池河磷矿崩塌

图 1.2　重庆武隆滑坡

世界上每年由人工边坡或自然边坡失稳造成的经济损失数以亿计。例如,1984 年在英国的 Carsington 大坝滑动,使耗资近 1 500 万英镑的主堤几乎完全被破坏。在我国,据不完全统计,近 40 年来,四川省每年地质灾害造成的损失达数亿元;三峡库区的最新统计表明,1982 年以来库区两岸发生滑坡、崩塌、泥石流 70 多处,规模较大的有 40 多处,直接经济损失数千万元;云南省的公路边坡灾害调查数据显示,1990—1999 年,云南公路边坡发生大、中型崩塌、滑坡、泥石流 135 ~ 144 次,造成 1 000 余座桥梁被毁,经济损失达 168 亿余元,并对全省 2 220 km 公路的运营构成严重威胁。

边坡的治理费用在工程建设中也是很高的,根据1986 年 E. N. Brohead 的统计,用于边坡治理的费用占地质和自然灾害的25% ~50% 。如在伦敦南部的一个小型滑坡处理中,勘察滑动面耗资 2 万英镑,而工程建造上边坡抗滑桩、挡土墙及排水系统花去 15 万英镑。在我国,随着大型工程建设的增多,用于边坡处治的费用在不断增大,如三峡库区仅用于一期的边坡处治国家投资高达 40 亿元人民币;而在我国西部高速公路建设中,用于边坡处治的费用占总费用的 30% ~50% 。

为了有效地控制边坡工程事故,减少由此带来的人员伤亡和经济损失,对边坡工程灾害的形成机理和防治技术进行深入的研究,具有重要的现实意义,并将直接影响国家对基础建设的投资以及安全运营。

边坡工程的研究对象是建筑工程开挖过程中形成的坡体(或自然边坡)及坡体对建筑工程、人类生活、生产及自然环境造成的危害和影响。建筑边坡工程重点研究边坡的安全以及对环境的危害和保护。

正确、合理、经济的边坡工程防治技术,确保工程建筑物所处的边坡及边坡环境安全稳定是边坡工程的核心任务。其具体任务包括:

①研究工程建设地区边坡的工程地质条件,指出有利因素和不利因素,阐明工程地质条件的特征及其变化规律。

②对工程建设地区边坡的稳定性进行定性和定量评价,预测可能发生的边坡工程灾害。

③对可能发生的边坡工程灾害,提出防治措施方案和边坡环境保护的建议。

任务1.2 边坡工程的特点及本课程基本内容

1)边坡工程的特点

边坡工程技术研究具有以下特点:

(1)充分利用边坡岩土体材料自身的承载能力

组成边坡的岩土体本身就是较好的天然建筑材料,是可以利用和依靠的资源。但该岩土体材料不同于一般的建筑材料,岩土体是在地质历史过程中形成的地质体,具有明显的孔隙,因而呈现出不均质性、各向异性、三相性等特性,其客观条件和物理力学性质变得更加复杂。因此,对边坡工程,必须适应当地的岩土体条件,充分熟悉岩土体的性质并利用岩土体的承载力,通过各种有效的手段,使这些非均质的岩土体变得完整、稳定和可靠。

(2)全面研究即系统工程研究

边坡工程防治技术涉及工程地质、水文地质、构造地质、工程力学、岩土力学、混凝土结构、建筑工程材料及建设工程项目管理等多门学科,要全面掌握这些学科知识是比较困难的,故需要深入学习课程之间的联系。由于本课程涉及的专业覆盖面宽,因此,应尽量避免孤立地看待问题,强调针对不同的岩土体条件建立相应的系统理论,建议采用如图1.3所示的学习方式。

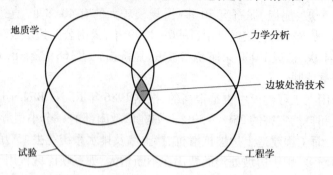

图1.3　建议采用的学习方式

（3）系统全面学习的同时要明确学习重点

由于本课程涉及知识面非常宽,经验性较强,研究工作不可能面面俱到,故必须明确学习重点,否则工作量十分庞大且会杂乱无章,难以高效地完成任务。因此,在学习本课程时,既要将相关课程有机地结合起来,又要突出重点。

（4）先进设备、仪器、工具的广泛使用

工程技术、现代施工技术的快速发展,试验测试设备的不断发展,以及电子计算机的广泛应用,为广大工程技术人员对复杂的高边坡岩土问题进行分析、研究和处理提供了有利条件。为了完成工程任务,必须学习并充分利用这些先进的手段。

2）本课程的基本内容

（1）边坡分类及其地质结构特征

边坡分类及其地质结构特征主要包括边坡分类的基本方法和类型,不同类别边坡的地质结构特征,以及常见边坡的破坏类型及其形成机理、受力方式、破坏特征、影响因素等。

（2）边坡工程地质勘察。

边坡工程地质勘察主要包括边坡工程勘察的基本技术要求,勘察阶段的划分,勘察方法和各种方法的技术要点,滑坡、崩塌、斜坡场地的勘察技术要点,以及勘察资料的分析与整理等。

（3）边坡稳定性评价

边坡稳定性评价主要包括边坡稳定性的判别标准,工程地质类比法、赤平投影法等定性评价方法,以及瑞典圆弧滑动法、简化毕肖普法、简布法、不平衡推力传递法等定量评价方法等。

（4）边坡处治技术设计

边坡处治技术设计主要包括边坡设计的基本资料与基本原则,重力式挡土墙设计计算要点,坡率法设计计算要点,锚杆（索）设计计算要点,抗滑桩设计计算要点,以及排水设计计算要点等。

（5）边坡绿化工程概述

边坡绿化工程概述主要包括边坡生态防护概念及常见的边坡绿化技术。

（6）边坡工程施工、监测、质量检验及验收

边坡工程施工、监测、质量检验及验收主要包括边坡施工基本技术要求,边坡开挖、爆破施

工等技术要点,边坡监测仪器、监测内容,以及监测技术要点等。

任务 1.3　本课程的学习方法

学习边坡工程防治技术,必须充分认识边坡,尽力保护边坡(包括边坡稳定和边坡环境),有效地防治边坡和全过程监测边坡,此称为边坡处治技术研究的 4 项基本原则。本课程建议的学习方法如下:

1)注意课程之间的有机渗透和联系

学习与本课程相关的内容,主要包括工程地质、水文地质、岩土工程勘察、工程力学等,认真总结,将这些内容有机地结合起来。

例如,在学习边坡稳定评价时,涉及岩土的物理力学指标,就需要总结工程地质中的相关内容;学习边坡防治土压力或滑坡推力的计算时,需要应用土力学中的相关内容。因此,要及时总结和自学与本课程相关的内容。

2)注意学规范、用规范

本课程的内容是遵照我国现行最新规范编写的。从开始学习时,就要建立学习规范的意识。规范是经过大量的科学试验和长期生产实践证明了的客观规律的总结,再经过国家有关部门批准的正式文件,是从事专业技术工作的法律依据。在学习本课程时,应注意结合最新的规范,深入理解规范的内涵,加以适量的工程案例分析,将所学的知识与规范原文进行对照,不断积累新知识。

本课程公式多、符号多,许多计算公式都是在大量试验资料的基础上用统计分析得出的半理论半经验公式。因此,在学习过程中,切记不能死记硬背,要理解所给公式的基本假定、工程意义,要注意公式的适用范围和限制条件,不要生搬硬套。同时,要注意结合课后的习题训练,特别是工程案例分析题,熟练掌握公式的应用技能。

3)注意利用互联网学习

当前处于知识信息时代,知识更新(包括规范)和传递较快。在学习过程中,可充分利用互联网技术手段,了解课程最新动态,拓展知识领域,有针对性地突破重难点,同时也应学习相关的计算机软件,为今后进一步学习和完成工作任务奠定坚实的基础。

4)努力参加工程实践,做到理论联系实际

边坡工程防治技术课程是实践性较强的课程,这不仅体现在它的理论依托于大量的试验结果和丰富的工程经验,而且本课程还在实践中不断完善。因此,学习本课程时,除课堂教学外,还应加强实践性地教学环节,应有计划、有针对性地到边坡工程施工现场,通过学习、参观和实习等渠道,增加感性认识,积累工程经验。同时,还应加强阅读边坡工程勘察报告、边坡工程勘察资料整理和数据分析等基本技能的训练,为将来编写边坡工程勘察和治理设计报告打下基础。

总之,在本课程学习过程中,必须充分考虑知识之间的有机联系,将各项任务有机结合,从而获得较好的效果。

任务 1.4　边坡工程防治技术研究历史概述

边坡工程的研究和发展与工程实践是密不可分的。由于土质边坡和岩质边坡具有明显不同的性质,因此,边坡工程的发展可概述为土质边坡的发展和岩质边坡的发展。这里重点总结边坡稳定性和边坡处治技术的发展概述。

1)土质边坡稳定性分析的发展

土质边坡稳定性分析的发展大致经历了以下两个阶段:

(1)20 世纪初期至 20 世纪 80 年代的古典阶段

此阶段边坡稳定性分析主要借鉴土力学的理论。例如,1916 年由 Prantle 提出,Felle-nius 和 Taylor(1922)发展的圆弧滑动法,1955 年 Bishop 条分法,1954 年 Janbu 条分法,以及 20 世纪 70 年代的王复来分析法等极限平衡理论,是建立在刚塑性体模型基础上的极限平衡破坏理论。

(2)20 世纪 80 年代以来的现代阶段

此阶段边坡稳定性评价致力于边坡土体真实破坏过程的研究,它可能要运用到断裂力学、损伤力学和分形理论等现代力学分支,还要完成对边坡破坏过程的数值模拟。

2)岩质边坡稳定性分析的发展

岩质边坡稳定性分析的发展大致经历了以下 5 个阶段:

(1)早期阶段

该阶段将均质弹性、弹塑性理论为基础的半经验半理论边坡分析方法用于岩质边坡的稳定性研究,其计算结果与工程实际有较大差异。

(2)20 世纪 60 年代初期至 20 世纪 70 年代的刚体极限平衡阶段

此阶段,随着大型工程的建设,形成复杂的高边坡,特别是 1963 年意大利 Vaiont 水库左岸的滑坡等一系列水电工程事故发生后,人们对岩石力学进行了深入的研究,同时清楚地认识到在边坡稳定性分析中,必须将力学机制分析与地质分析紧密结合起来,从而形成了 20 世纪 60 年代初期的刚体极限平衡法,以及结构面对岩体滑动的影响研究。

(3)20 世纪 70 年代初期至 20 世纪 80 年代的数值阶段。

1967 年人们第一次尝试用有限元分析边坡的稳定性问题,使边坡稳定性评价进入定量阶段,并引入数值方法和以概率论为基础的可靠度方法,从而边坡稳定性研究进入模式机制和作用过程研究阶段。同一时期,我国在边坡工程稳定性研究方面也取得了丰硕的成果,如岩体结构控制理论及相应的岩体工程地质力学方法等。

(4)20 世纪 80 年代至 20 世纪 90 年代的数值模拟、模型试验阶段

此阶段,由于计算技术的发展及在岩体力学中的应用,各种复杂的数值计算方法广泛地应用于边坡研究。1983 年孙玉科对盐池河山崩变形机制作了平面有限元分析;1989 年陈宗基对抚顺露天矿边坡按照 19°,24°,34°的坡角以及坡角为 19°并有深部开采的不同模式进行有限元分析;1991 年 Jons 对英国威尔士煤田边坡稳定性与采矿沉陷性状的相关性进行了有限元分析,并用模型实验进行验证;1971 年 Cundall 提出了非连续介质的离散元,用于模拟边坡的渐进破坏;1991 年 Toshihisa 运用该方法分析了日本 305 国道的岩石边坡的破坏过程;1986 年

Flac 的出现,为边坡分析提供了一种极其有效的方法,它不但可处理大变形问题,而且可模拟某一软弱面的滑动变形,能真实反映实际材料的动态行为,并可考虑锚杆、挡土墙和抗滑桩等支护结构与围岩的相互作用,被公认为岩土力学数值模拟行之有效的方法;1988 年 Brady 运用它对矿山倾斜采场的加固方案进行了模拟;1993 年 Billaux 对 6m 高冲填体进行了模拟;1995 年王永嘉将 Flac 引入国内,先后在水电、隧洞和边坡中广泛使用。

(5)20 世纪 90 年代以来的现代边坡工程阶段

此阶段,边坡问题的研究将传统的边坡工程地质学、现代岩土力学和现代数学力学相结合,形成了所谓的现代边坡工程学;各种现代科学的新技术,如系统工程论、数量理论、信息理论、模糊数学、灰色理论、现代概率统计理论、突变理论及分形理论等不断用于边坡问题研究中,从而给边坡的稳定性研究提供了新理论、新方法。

边坡工程防治技术是一项技术复杂、施工复杂的灾害防治工程。近年来,随着工程建设事业的迅速发展,边坡治理总是越来越突出,经过多年的工程实践和理论研究,国内外对边坡崩塌的治理技术渐趋成熟,在边坡滑坡的防治方面也取得了很大成就,其中支挡抗滑工程的发展尤为迅速,抗滑桩作为一种支挡抗滑结构物被广泛应用于边坡滑坡的治理中。

滑坡是边坡失稳造成的灾害。欧美国家从 19 世纪中叶就开始对滑坡灾害防治进行研究。那时,由于人们认识和技术所限,对大中滑坡只能避绕,对小型滑坡优先采用排水工程,也采取一定的刷方减载、反压及抗滑挡土墙治理的措施,直到第二次世界大战后,随着各国经济发展和工程建设加剧,遇到的边坡灾害越来越多,支挡工程才得到了大量应用和发展。

3)国外支挡工程的发展

国外支挡工程的发展大体可分为以下 3 个阶段:

(1)20 世纪 50 年代以前

滑坡灾害治理以排水工程为主,抗滑支挡结构主要是挡土墙。

(2)20 世纪 60—70 年代

在应用排水工程和抗滑挡土墙的同时,大力发展抗滑桩工程以解决抗滑挡土墙和部分深盲沟施工中的困难。欧美国家和苏联多用钻孔钢筋混凝土灌注桩,桩径 1.0 ~ 1.5 m,深 10 ~ 20 m;日本多采用钻孔钢管桩,钻孔直径 0.4 ~ 0.55 m,深 20 ~ 30 m,孔中放入直径 318.5 ~ 457.2 mm、壁厚 10 ~ 40 mm 的钢管,钢管内外贯入混凝土或水泥砂浆,为增加桩受剪承载力,有时在钢管中再放入 H 型钢。桩设计间距一般为 1.5 ~ 4.0 m,以 2.0 ~ 2.5 m 居多,为增加桩抗弯承载力和群桩受力,国外常将 2 排或 3 排桩顶用承台连接,形成钢架受力。也有少数打入桩的。20 世纪 70 年代后期,日本开始使用直径 1.5 ~ 3.5 m 的挖孔抗滑桩。

(3)20 世纪 80 年代以来

在小直径抗滑桩应用的同时,为治理大型滑坡,大直径挖孔桩开始使用。例如,日本在大阪府的龟之獭滑坡上采用直径 5 m、深 50 ~ 60 m 的大型抗滑桩,它周围均匀布筋,只在周围滑动面附近采用型钢加强。

4)我国对抗滑支挡结构物的研究和应用

我国对抗滑支挡结构物的研究和应用可分为以下 3 个阶段:

(1)20 世纪 50 年代起

我国治理边坡主要采用地表排水、清方减载、填土反压、抗滑挡墙及浆砌片(块)石防护处治等措施。但工程实践经验证明,采用地表排水、清方减载、填土反压仅能使边坡暂时处于稳定状态,如果外界条件发生改变,边坡仍然可能失稳。1981 年洪水期间,仅采取排水、减载或抗滑挡土墙措施整治的宝成铁路有 10 处产生了新的滑坡。

(2)20 世纪 60 年代—70 年代

我国在铁路建设中首次采用抗滑桩技术并获得成功。随后在湘黔线、川黔线、宝成线及成昆线等铁路建设中推广应用。抗滑桩技术的诞生,使一些难度较大的边坡工程问题的治理成为现实,由于它具有布置灵活、施工简单、对边坡扰动小、开挖断面小、圬工体积小、承载能力大、施工速度快等优点,在全国范围内迅速得到推广应用,并从 20 世纪 70 年代开始逐步形成以抗滑支挡为主、结合清方减载、排水的边坡综合治理技术。1975 铁道部颁布的《铁路工程技术规范》对滑坡治理强调一次根治,综合整治,重视支挡作用,将地表排水、地下排水、抗滑挡土墙作为主要技术推荐,将抗滑桩作为新技术推荐,强调减载要注意是否会引起后部次生滑坡的产生。1985 年修订的《铁路路基设计规范》(TBJ 1—85),与 1975 年规范对照,其变化之处在强调支挡为主、综合整治,抗滑桩作为一种主要措施被推荐。

(3)20 世纪 80 年代至今

随着锚索技术和凿岩机械突破性的发展,我国开始采用锚喷防护技术。该技术的采用对高边坡提供了一种施工快速、简便、安全的处治防护手段,因此很快得到广泛采用。对排水,人们也有了新的认识,主张以排水为主,结合抗滑桩、预应力锚索支挡综合整治。南昆铁路八渡车站巨型滑坡,采用地面、地下、立体排水、锚索及锚索桩支挡,建立滑坡地质环境保护区的综合治理措施获得成功,并被誉为 20 世纪 90 年代治理巨型滑坡的成功典范。与此同时,压力注浆及框架锚固结构越来越多地用于边坡处治,尤其是用于高边坡的防护工程中,它是一种边坡的深层加固技术,可达到根治边坡的目的,是一种具广泛应用前景的高边坡处治技术。

鉴于工程地质发展水平和治理经验的不足,在滑坡稳定性评价和治理措施上,存在许多尚待解决的问题。例如,工程技术人员因稳定性评价或力学参数选择不当及计算方法不当,采取过于保守的处治方式,或所选取的方案没有进行方案比较、论证、优化,从而造成大量的财物浪费;也有的因对边坡地质认识不足或方案选取失误,造成边坡处治失败,进而造成人员伤亡和财产损失。

目前,可供采用的边坡加固措施很多,有削坡减载措施、排水与截水措施、锚固措施、支挡措施、压坡措施及生态措施等。在边坡治理工程中,强调多措施综合治理的原则,以加强边坡的稳定性。如何在多种可行方案中选择一种能同时满足安全、经济、环保及美观要求的治理方案,这就是边坡治理措施的优化问题,也是国内外学者一直在研究的问题。根据工程的具体情况,在计算机上进行人机交互或自动搜索方式的半自动或自动分析,对各种可行方案进行优化,最终选择一种最为合理、经济的治理措施方案,缩短周期,提高效率,节约工程费用,是边坡工程防治研究工作的趋势。

<h2 style="text-align:center">项目小结</h2>

边坡是指由工程活动所形成的人工边坡和对建(构)筑物安全或稳定有不利影响的自然斜坡,而滑坡是因工程原因或自然原因正在蠕动与滑动的边坡。边坡在工程开挖与填筑前坡体内不存在滑面,但可存在未曾滑动的构造面(软弱面),开挖前坡体无蠕动或滑动迹象;滑坡

在坡体中存在天然的滑面,坡体已有蠕动或滑动迹象。

为满足工程需要而对自然边坡和人工边坡进行改造,称为边坡工程。它包括建筑边坡工程、水利水电边坡工程、道路边坡工程、矿山边坡工程及基坑边坡工程等。

边坡工程包括边坡分类及地质结构特征划分、边坡工程地质勘察、边坡稳定性评价、边坡处治技术设计及边坡工程施工与监测等内容。

边坡勘察是稳定分析的前提,稳定分析是边坡设计的基础,边坡施工是边坡设计的实现,边坡监测和质量检验是评价边坡稳定及治理效果的重要手段。

边坡工程防治技术发展可分为土质边坡和岩质边坡防治技术的发展。

思考与练习

1. 什么是边坡、滑坡和边坡工程?

2. 边坡与滑坡有哪些区别?

3. 边坡包括的种类很多,列举在日常生活中你所见到的各种边坡。

4. 常用的边坡工程防治措施有哪些?

5. 简述边坡工程防治技术对工程建设的重要意义。

项目 2

边坡分类及破坏特征

学习内容

本项目主要介绍边坡的分类方法、边坡的地质结构特征、边坡的变形与破坏类型及其各类型的特征。

学习目标

1. 熟练掌握边坡的分类方法。
2. 掌握边坡的地质结构特征。
3. 熟练掌握边坡的变形和破坏类型。
4. 熟练掌握崩塌与滑坡的区别。

任务 2.1 边坡分类

边坡分类的方法较多。工程中，常见的有按成因、岩性、结构特征、高度、用途及使用年限等分类方法。

2.1.1 按边坡成因分类

按边坡成因，边坡可分为天然边坡和人工边坡。

1) 天然边坡

天然边坡（自然边坡）是自然形成的山坡和江河湖海等的岸坡。由于地质条件和风化程度的不同，其在自然营力作用下形成了不同的断面形态和坡度，如直立坡、倾斜坡、台阶状边坡、直线坡、凸形坡、凹形坡及复合坡等。自然边坡的坡度和坡高千差万别，坡面冲沟、植被等发育情况也不尽相同。自然边坡在无暴雨、地震和人类工程活动作用时，多数情况下是处于稳定状态的。

2）人工边坡

人工边坡是将选定的自然边坡进行改造，以满足人类工程活动的需要。其改造难度和稳定性在很大程度上取决于固有的自然边坡的地质特征，特别是高边坡的改造工程，是一项技术复杂、施工难度高的工程。

边坡断面基本形式如图2.1所示，边坡复合形式如图2.2所示，边坡构成要素如图2.3所示。

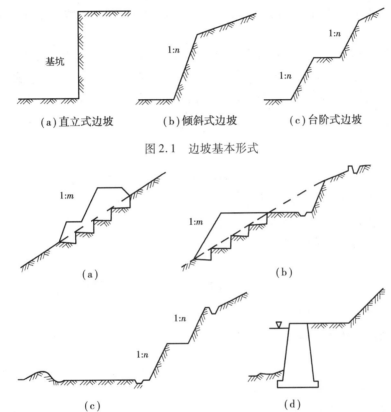

（a）直立式边坡　　　（b）倾斜式边坡　　　（c）台阶式边坡

图2.1　边坡基本形式

（a）　　　　　　　　　（b）

（c）　　　　　　　　　（d）

图2.2　边坡复合形式

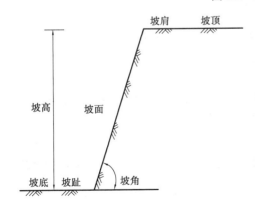

图2.3　边坡构成要素

2.1.2　按构成边坡岩性分类

按照构成边坡坡体的岩土体材料不同,边坡可分为土质边坡、岩质边坡和岩土混合边坡三大类。

1)土质边坡

土质边坡由土体构成。按照组成边坡土体类别不同,可分为黏性土类边坡、黄土类边坡、红黏土类边坡及碎石类边坡等。由于土体的强度较低,因此,土质边坡可保持的高度一般都不太高。

不同土类的工程地质性质差别较大,故其边坡特征也不一样,特别是黏性土,含有较多亲水矿物,此类土在水的作用下,黏土膨胀使土体强度显著降低,对边坡稳定造成不利影响。此外,水文地质、构造地质、土体结构构造、自然因素及人类活动等对土坡稳定也有影响。例如,持续暴雨,违反开挖顺序,在坡体上堆土加载、修建水池及其他建筑物和地震等都可能引起土坡变形和破坏。

2)岩质边坡

岩质边坡由岩体构成。该类边坡稳定性主要受组成边坡的岩体特征、切割岩体的各结构面的组合特征和边坡坡面临空情况所控制。此外,地质构造条件、水文地质条件、风化作用、裂隙充填物的吸水膨胀作用、裂隙水的孔隙水压力等作用,坡体上的堆积加载、地震以及人类的工程活动等都是不利于边坡稳定的因素。

3)岩土混合边坡

岩土混合边坡由岩土体共同构成。通常是下部为岩层,上部为土层,或岩层与土层相间排列。该类边坡的稳定性较复杂。

2.1.3　按边坡结构特征分类

边坡结构特征包括组成边坡的岩土体的结构特征(主要是结构面)和边坡坡面的结构特征。它们的组合对边坡的稳定有控制性的作用。

1)按照组成边坡岩土体的结构特征分类

按照组成边坡岩土体的结构特征,边坡可分为以下6种类型:

(1)类均质土边坡

该类边坡由黄土、黏性土和碎石土等土体构成。土的物质组成和土体结构是影响其稳定性的主要内在因素,如图2.4(a)所示。

(2)近水平层状边坡

此类边坡具有近水平层状的岩土体结构,因坡角很小,故该类边坡自然状态的稳定性较好,如图2.4(b)所示。

(3)整体状岩体边坡

该类边坡由巨厚层状结构的岩石块体构成。因风化、构造和人类活动等作用,组成边坡的岩体或多或少存在一定量的结构面,故整体状结构的岩体边坡出露较少。该类边坡的稳定性是最好的。

(4)块状岩体边坡

该类边坡由厚层的块状岩体构成,存在少量的结构面。该类边坡的稳定条件较好,如图

2.4(c)所示。

　　(5)碎裂状岩体边坡

　　该类边坡由碎裂状结构的岩体构成。边坡的稳定条件较差,如图2.4(d)所示。

　　(6)散体状边坡

　　该类边坡的性质和土坡有些相似,主要由破碎的块石、沙石等物质组成。例如,全风化的砂岩泥岩边坡。

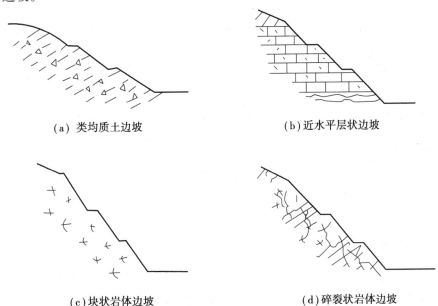

(a) 类均质土边坡　　　　　　　　　　(b)近水平层状边坡

(c)块状岩体边坡　　　　　　　　　　(d)碎裂状岩体边坡

图 2.4　边坡按照岩土体结构特征分类

　　2)按边坡岩土体结构和坡面结构的组合关系分类

　　按边坡岩土体结构和坡面结构的组合关系(此处为主要软弱结构面倾向和地形坡向的关系),边坡可分为以下 4 种类型:

　　(1)顺向边坡

　　当主要软弱结构面倾斜方向和边坡坡面同向时,称为顺向坡。其稳定性与边坡坡角和岩层倾角的大小关系有关,如图 2.5(a)、(c)所示。

　　(2)反(逆)向边坡

　　当主要软弱结构面倾斜方向和边坡坡面反向时,称为反(逆)向坡。其稳定性主要受岩性、水文等其他条件控制,如图 2.5(d)所示。

　　(3)斜向边坡(斜交边坡)

　　当主要软弱结构面与边坡坡面呈斜交关系时,称为斜向破(斜交坡)。其交角越小,稳定性就越差,如图 2.5(b)所示。

　　(4)横向坡(横交坡)

　　当主要软弱结构面的走向与坡面走向近于垂直时,称为横向坡(横交坡)。其稳定性较好,很少发生大规模的滑坡,如图 2.5(e)、(f)所示。

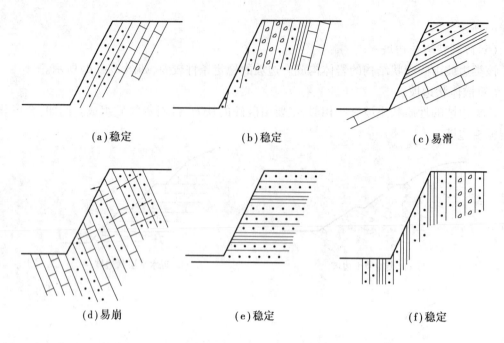

图2.5　边坡按照岩土体结构和坡面结构的组合关系分类

2.1.4　其他分类

依据《建筑边坡工程技术规范》(GB 50330—2013)第2.1.4条和第2.1.5条,边坡按照使用年限,可分为永久性边坡和临时性边坡。永久性边坡是指设计使用年限超过2年的边坡;临时性边坡是指设计使用年限不超过2年的边坡。

边坡按高度H,可分为一般边坡和高边坡。

①一般边坡。岩质边坡高度H小于30 m,土质边坡H小于20 m。

②高边坡。岩质边坡高度H大于30 m,土质边坡H大于20 m。高边坡较一般边坡更为复杂,也更容易发生变形和破坏。

需注意的是,不同部门高边坡的定义不尽相同。如在矿山行业,边坡高度在300 m以上,坡角在45°以上,称为高陡边坡;而在交通领域,边坡高度在30 m以上,坡角在30°以上,就称为高陡边坡。

按用途,边坡可分为露天矿山边坡、道路路堤边坡、路堑边坡、水工坝基边坡及坝肩边坡等。

按破坏模式,边坡有国际分类法和国内分类法两种分类方法。

国际上的SMR分类法和岩体地质力学分类(CSIR分类)法各有侧重,前者考虑了组成边坡的岩体质量好坏、边坡稳定性好坏;后者还考虑了地下水、结构面间距和结构面状态等情况。国际工程地质和环境协会(IAEG)将边坡破坏方式分为5种基本类型:崩落(崩塌)、倾倒、滑落(滑动)、侧向扩展拉裂、流动。

国内王兰生、张倬元根据斜坡变形破坏模式,提出了地质力学分类法,即把边坡变形破坏分为蠕滑(滑移)—拉裂、滑移—压致拉裂、弯曲—拉裂、塑流—拉裂、滑移—弯曲5种基本类型;姜德义等根据边坡变形的形式,把边坡分为滑动、蠕动、张裂、崩塌、坍塌、剥落6种类型,孙广忠把边坡变形破坏分为楔形滑动、圆弧形滑动、顺层滑动、倾倒变形、溃曲破坏、复合型滑动、岸坡或斜坡开裂变形体、堆积层滑坡、崩塌碎屑流滑坡 9 种类型。可见,国内分类法更丰富、更具体。

任务 2.2　边坡的地质结构特征

岩质边坡地质结构由岩体结构所控制。土质边坡的地质结构主要由土层性质控制,与一般岩质边坡的地质结构差距很大,其破坏模式也有很大差别。

2.2.1　岩质边坡地质结构

在工程地质中,把工程作用范围内具有一定的岩石成分、结构特征及赋存于一定地质环境中的地质体,称为岩体。岩体由结构面和结构体组成。由于层理、片理和节理、断层等结构面的切割,使岩体具有明显的不连续性,使岩体强度远远低于岩石强度,岩体变形远远大于岩石本身,岩体的渗透性远远大于岩石的渗透性。岩体结构即岩体中结构面与结构体的排列组合关系。

岩体的结构类型划分见《岩土工程勘察规范(2009 年版)》(GB 50021—2001)附录 A.0.4,规范将岩体结构划分为 5 类:整体状结构、块状结构、层状结构、碎裂状结构及散体状结构,见表 2.1。

表 2.1　岩体按结构类型划分

岩体结构类型	岩体地质类型	结构体形状	结构面发育情况	岩土工程特征	可能发生的岩土工程问题
整体状结构	巨块状岩浆岩和变质岩,巨厚层沉积岩	巨块状	以层面和原生、构造节理为主,多呈闭合型,间距大于 1.5 m,一般为 1~2 组,无危险结构面组成的落石掉块	岩体稳定,可视为均质弹性各向同性体	局部滑动或坍塌,深埋洞室的岩爆
块状结构	厚层状沉积岩,块状岩浆岩和变质岩	块状柱状	有少量贯穿性节理裂隙,结构面间距 0.7~1.5 m。一般为 2~3 组,有少量分离体	结构面互相牵制,岩体基本稳定,接近弹性各向同性体	
层状结构	多韵律薄层、中厚层状沉积岩、副变质岩	层状板状透镜体	有层理、片理、节理,常有层间错动面	变形和强度受层面及岩层组合控制,可视为各向异性弹塑性体,稳定性较差	可沿结构面滑塌,特别是岩层的弯张破坏,软岩可产生塑性变形
碎裂状结构	构造影响严重的破碎岩层	碎裂状	断层,节理、片理、层理及层间结构面较发育,结构面间距 0.25~0.5 m,一般 3 组以上,有许多分离体	完整性破坏较大,整体强度很低,并受软弱结构面控制,呈弹塑性体,稳定性很差	易引起规模较大的岩体失稳,地下水加剧失稳

续表

岩体结构类型	岩体地质类型	结构体形状	结构面发育情况	岩土工程特征	可能发生的岩土工程问题
散体状结构	构造影响剧烈的断层破碎带,强风化带及全风化带	碎屑状颗粒状	构造和风化裂隙密集,结构面及组合错综复杂,多充填黏性土,形成许多大小无序的小块和碎屑	完整性遭到极大破坏,稳定性极差,岩体属性接近松散体介质	易发生规模较大的岩体失稳,地下水加剧失稳

李建林等从地质背景、结构特征、边坡稳定及破坏模式入手,将岩质边坡的地质结构划分为整体块状结构边坡、层状结构边坡、碎裂结构边坡及散体结构边坡4种基本类型。其中,层状结构边坡又分为层状同向结构、层状反向结构和层状倾向结构3种亚类。

工程实践与试验研究表明,结构面是影响岩体力学性质、变形与破坏特征和岩石稳定性的重要因素;岩体的变形破坏、岩体的力学性质等均受岩体结构控制。

2.2.2 土质边坡地质结构

土体是由厚薄不等,性质各异的若干土层,以特定的上下层序组合在一起形成的地质体。凡第四纪松散物质沉积成土后,未经受成壤作用的松散物质经受压密固结作用,逐渐形成具有一定强度和稳定性的土体。这就是工程地质学中所说的土体。它是人类活动和工程建设研究的对象。而经受生物化学及物理化学的成壤作用所形成的土体,则称为土壤。

通常土的结构,是指土的微观结构;而土体结构是指土层的相互组合特征及后期被节理、裂隙切割形成的不连续面在土体内的排列组合方式。前者称为土体的原生结构,后者称为土体的次生结构。土体的结构类型有层状构造、分散构造、结核状构造及裂隙状构造等类型。

李建林等从地质背景、结构特征、边坡稳定及破坏模式分析入手,将土质边坡的地质结构划分为类均质体边坡地质结构、堆积结构面顺倾边坡地质结构和二元结构边坡地质结构3种基本类型。

任务2.3　边坡的变形和破坏特征

自然边坡岩土体原有应力一般处于平衡状态,而在长期地质作用和人类工程活动中,岩体中原有的应力将发生重新分布,由于边坡岩体中原有的应力平衡状态被打破,岩体为适应这种新的应力状态,将发生一定的变形与破坏,甚至失稳而引起灾害。变形与破坏之间是一个量变向质变转化的过程。边坡变形主要包括松弛张裂和蠕变;边坡破坏包括崩塌、滑坡、滑塌、岩块流动、岩层曲折、错落及坍塌等。

2.3.1 崩塌

位于陡崖、陡坡前缘的部分岩土体,突然与母体分离,翻滚跳跃崩坠崖底或塌落在坡脚的过程和现象,称为崩塌。个别危岩脱离母岩,向坡下坠落的现象,称为落石。高陡斜坡产生了拉裂、松动变形并随时可能发生破坏,向坡下运动的岩体即危岩。大型崩塌发生突然,灾害大,问题复杂,可能需要专门防治,小型崩塌、危岩和落石,可采用清除、挂网喷锚等方法防治处理。

按发生地点,崩塌可分为山崩、岸蹦和路蹦等;按崩塌物的岩性,崩塌可分为岩蹦、土崩和混合体崩塌等;按分离面的特性、形状及崩塌发生的原因,崩塌可分为顺层崩塌、沿裂隙面崩塌和探头崩塌等。

崩塌具有以下4个基本特征:

①岩坡的崩塌常发生于高、陡边坡的前缘地段,一般坡度在45°以上。

②崩塌的形成受岩性、地形、裂隙、降水、地下水、构造及人类活动等多因素的影响。

③崩塌的运动学特征和滑坡有很大区别。它具有以垂直运动为主、运动速度快、危岩体完全脱离母体,崩落堆积体呈倒锥形等特征。

④崩塌形成的岩堆给其后侧坡脚以侧向压力,再次发生崩塌的突坡处上移。因此,崩塌具有使斜坡逐次后退、规模逐渐减小的趋势。

根据崩塌的破坏机理,将崩塌分为倾倒式崩塌、滑移式崩塌、鼓胀式崩塌、拉裂式崩塌、错断式崩塌5种较典型易于野外判别的破坏模式。

1)倾倒式崩塌

在河流峡谷区、黄土冲沟地段或岩溶区等陡坡上,岩体具有陡直的坡面,岩层走向与坡面走向近平行,且以垂直节理或裂隙与稳定的母岩分开,形成三面临空的危岩体。通常坡脚遭受掏蚀,在重力作用下或有较大水平作用时,岩体因重心外移倾倒产生突然崩塌。崩塌发生时危岩体通常以坡脚的某一点为支点发生转动性倾倒(见图2.6)。

这种崩塌的产生具有多种可能的途径:

①陡直边坡坡脚岩体长期受流水、风力等因素冲刷掏蚀,在重力作用下,临空的直立岩体由于偏压失去重心,进而倾斜,最终崩塌。

②当附加特殊的水平力(地震力、静水压力、动水压力以及冻胀力等)作用于陡直临空岩体上时,岩体也可发生倾倒破坏。

③当坡脚由软岩层组成时,雨水软化坡脚产生偏压,引起崩塌。

④直立岩体由于坡脚开挖,危岩体倾覆力矩增大也可能发生倾倒崩塌。

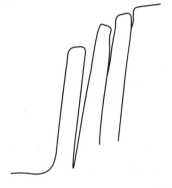

图2.6 倾倒式崩塌

2)滑移式崩塌

当临空岩体内存在倾向与坡向相同的软弱面时,软弱面上覆的不稳定岩体在重力作用下具有向临空面滑移的趋势,若岩体的重心滑出陡坡,则危岩体突然滑出而发生崩塌(图2.7)。

降水渗入岩体裂缝中产生的静、动水压力以及地下水对软弱面的润湿作用都是该类岩体发生滑移崩塌的主要诱因。

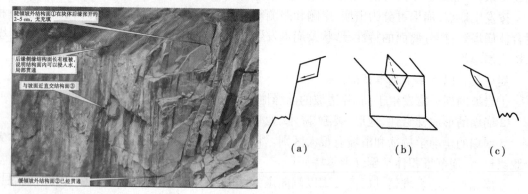

图2.7 滑移式崩塌

3)鼓胀式崩塌

当陡坡上不稳定岩体之下存在较厚的软弱岩层时,上部岩体重力产生的压应力超过软岩天然状态的抗压强度后软岩即被挤出,发生向外鼓胀变形,随着鼓胀的不断发展,不稳定岩体不断下沉和外移,同时发生倾斜,一旦重心移出坡外,即产生崩塌(见图2.8)。

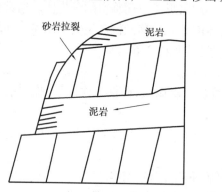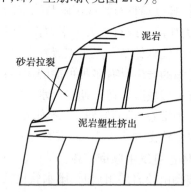

图2.8 鼓胀式崩塌

4)拉裂式崩塌

陡坡由软硬相间的岩层组成时,由风化作用或河流的冲刷侵蚀作用,上部坚硬岩层在坡面上常常突悬出来。突出的岩体通常发育有构造节理或风化节理,在长期重力作用下,分离面逐渐扩展。一旦拉应力超过连接处岩石的抗拉强度,拉张裂缝就会迅速向下发展,最终导致突出的岩体突然崩落(见图2.9)。

5)错断式崩塌

悬于坡缘的帽沿状危岩,随着后缘剪切面的扩展,危岩所受剪切应力大于危岩与母岩连接处的抗剪强度时,则发生错断式崩塌。长柱或板状不稳定岩体的下部被剪断,也可发生错断式崩塌(见图2.10)。

锥状或柱状岩体多面临空,下伏软基抗剪强度小于危岩体自重产生的剪应力或软基中存在的顺坡外倾裂隙与坡面贯通时,发生错断—滑移—崩塌。

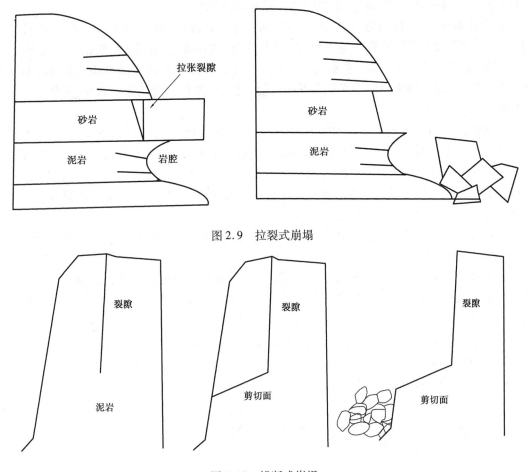

图 2.9　拉裂式崩塌

图 2.10　错断式崩塌

2.3.2　滑坡

滑坡是指斜坡上的土体或者岩体,受河流冲刷、降雨、地震及人工切坡等因素影响,在重力作用下,沿着一定的软弱面(软弱带),整体地或者部分顺坡向下滑动的自然现象。它俗称走山、垮山、地滑、土溜等。

按岩土体类型,滑坡可分为土体滑坡、岩石滑坡和岩土混合滑坡。土体滑坡又可分为黏性土滑坡、黄土滑坡、堆填土滑坡及堆积土滑坡等;岩石滑坡又可分为砂岩滑坡和灰岩滑坡等。

按滑坡体的规模,滑坡可分为小型滑坡(滑坡体积小于 10 万 m^3)、中型滑坡(滑坡体积小于 10 万 ~ 100 万 m^3)、大型滑坡(滑坡体积小于 100 万 ~ 1 000 万 m^3)、特大型滑坡(滑坡体积小于 1 000 万 ~ 1 亿 m^3)及巨型滑坡(滑坡体积超过 1 亿 m^3)等。需要说明的是,滑坡按照规模分类国内外还没有统一的划分标准,本任务采用的是中国地质调查局技术标准。

按滑动面深度,滑坡可分为浅层滑坡(滑体厚度 <6 m)、中层滑坡(滑体厚度 6 ~ 20 m)、厚层滑坡(滑体厚度 20 ~ 50 m)及巨厚层滑坡(滑体厚度 >50 m)。

按滑坡时代,滑坡可分为新滑坡(Q_4^3)、老滑坡(Q_4^{2-1})、古滑坡(Q_4—Q_1)及始滑坡(第三系及以前)。按滑动历史,可分为首次滑坡和再次滑坡。

按滑动面的形态特征,霍克提出圆弧破坏、平面破坏、楔体破坏、倾倒破坏等滑坡面类型。

库特提出非线性破坏、平面破坏、多线性破坏等滑坡面类型。

按滑坡始滑位置（滑坡源）所引起的动力学特征，巴甫洛夫提出推动（移）式滑坡、牵引式滑坡、混合式滑坡及平移式滑坡等类型（见图2.11）。这种分类，对滑坡的防治有很大意义。

①推动（移）式滑坡。滑坡主要是由于斜坡上部张开裂缝发育或因堆积重物和在坡上部进行建筑等，引起上部失稳始滑而推动下部滑动，此类滑坡具有滑动速度较快，滑体表面波状起伏的特征（见图2.11（a））。

②牵引式滑坡。斜坡下部岩土体先滑动，然后逐渐向上扩展，引起由下而上的滑动，滑坡犹如火车头牵引一样进行，这主要是因斜坡底部受河流冲刷或人工开挖而造成的（见图2.11（b））。例如，四川省云阳镇大桥沟内侧长江阶地沉积的黄褐色黏性土，因东西两沟流水掏蚀坡脚，引起黏土滑动，由下至上逐渐形成5个滑动面和5个滑坡台阶，这类滑坡是近临空面的前部自行下滑后，后部失去支撑而接着下滑。

③混合式滑坡。该类滑坡是始滑部位上下结合共同作用所引起的。该类滑坡在实际工程中较常见（见图2.11（c））。

④平移式滑坡。滑动面一般较平缓，始滑部位分布于滑动面的许多点，这些点同时滑移，然后逐渐发展连接起来（见图2.11（d））。例如，包头矿务局的白灰厂滑坡，该处为侏罗系煤系地层，主要为砂岩、砂页岩、灰岩、油页岩及粉砂岩，并夹有黏土岩层，倾角4°~6°，坡体为平缓山坡。滑坡体沿黏土层滑出，最大滑动速度每天有10 cm，半年期间覆盖10 m宽的公路路面，迫使公路改线。该滑坡的变形特点以水平位移为主，观测期间水平位移为1 060~1 234 mm，垂直位移仅67~100 mm。

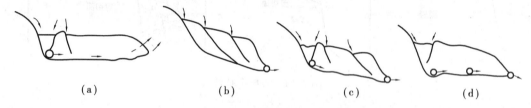

    （a）   （b）   （c）   （d）

图2.11　滑坡按照动力学特征分类

按滑动面与层面关系，滑坡可分为均质滑坡（无层滑坡）、顺层滑坡和切层滑坡3类（见图2.12）。该分类法是较早的一种分类，其应用很广。

①均质滑坡。为发生在均质的没有明显层理的岩体或土体中的滑坡。滑动面不受层面的控制，而是决定于斜坡的应力状态和岩土的抗剪强度的相互关系。滑面呈圆柱形或其他二次曲线形，在黏土岩、黏性土和黄土中较常见（见图2.12a）。

②顺层滑坡。这种滑坡一般是指沿着岩层层面发生滑动，特别是有软弱岩层存在时，易成为滑坡面。那些沿着断层面，大裂隙面的滑动，以及残坡积物顺其与下部基岩的不整合面下滑的，均属于顺层滑坡的范畴。顺层滑坡是自然界分布较广的滑坡，而且规模较大。例如，1963年10月9日发生在意大利的Vaiont水库滑坡即为一大型顺层滑坡，滑动体积为2.5亿 m³。该滑坡使当时世界上最大的双曲拱坝失效，并造成坝下游上千人丧生（见图2.12b）。

③切层滑坡。滑坡面切过岩层面而发生的滑坡称为切层滑坡。滑坡面常呈圆柱形或剖面线呈对数螺旋曲线（见图2.12c）。

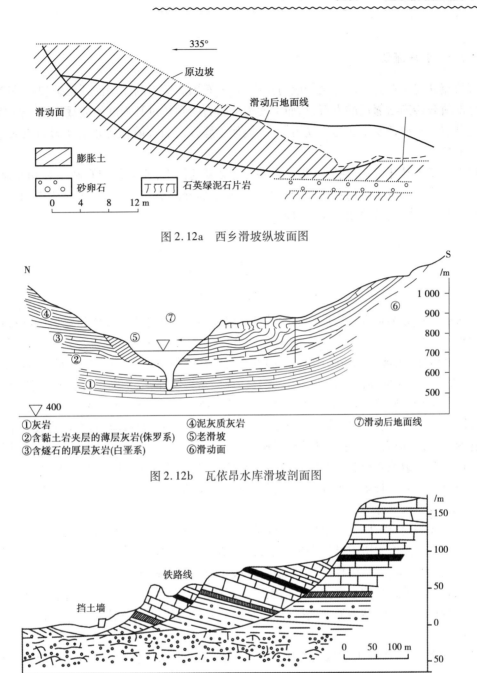

图 2.12a 西乡滑坡纵坡面图

图 2.12b 瓦依昂水库滑坡剖面图

①灰岩　　　　　　　　　　　　④泥灰质灰岩　　　　　　　　　⑦滑动后地面线
②含黏土岩夹层的薄层灰岩(侏罗系)　⑤老滑坡
③含燧石的厚层灰岩(白垩系)　　　⑥滑动面

图 2.12c 切层滑坡

2.3.3 滑塌

滑塌是边坡松散岩土的坡角大于它的内摩擦角时,因表层蠕动进一步发展,沿着剪变带顺坡滑移、滚动与坐塌,从而重新达到稳定坡脚的斜坡破坏过程。

2.3.4 岩块流动

岩块流动先是在岩层内部某一应力集中点,岩石因高应力的作用而开始破裂或破碎,于是所增加的荷载传递给邻近的岩石,从而又使邻近岩石受到超过其强度的荷载作用,导致岩石进一步的破裂。它通常发生在均质硬岩层中,类似于脆性岩石在峰值强度点上破碎而使岩层全面崩塌的情形。

以上的基本破坏模式,在同一坡体的发生、发展过程中,通常是相互联系和相互制约的。在一些高陡边坡发生破坏的过程中,通常先以前缘部分的崩塌为主,并伴随滑塌和浅层的滑坡,随时间的推移,逐渐演变为深层滑坡。

项目小结

对边坡进行分类是进行边坡勘察的基础,掌握边坡的地质结构特征和变形破坏特征有助于正确评价边坡。本项目内容理论较简单,可在生产实践中积累经验。

工程实践中,边坡的地质结构是较复杂的,野外需要仔细观察,从地质背景、岩体或土体结构特征、边坡稳定及破坏模式入手,确定其具体地质结构特征,为正确评价边坡奠定基础。

边坡在各种地质营力作用下,经历不同的发展演化阶段,并导致坡体内应力不断发生变化,由此引起不同形式和规模的变形破坏。由于边坡变形破坏释放应力,变形边坡趋于新的平衡而逐渐稳定,当应力重分布打破这种平衡,边坡又出现新的变形。因此,边坡变形破坏具有一定的周期性。边坡变形破坏对工程建筑带来危害,甚至造成生命财产的重大损失。

边坡分类的方法较多。工程中,常见的有按边坡的成因、岩性、结构特征、高度、用途、使用年限以及破坏模式等分类方法。

岩质边坡的地质结构是指组成边坡的结构面和结构体及其组合特征的综合。边坡地质结构特征是在漫长的地质历史过程中形成的,是建造和后期改造的产物。边坡地质结构类型不同,其岩体的地质背景、结构特征、边坡稳定及破坏模式也不相同。

岩体的破坏模式受控于岩体的结构模式。岩体的力学性质具有不均一性、不连续性和各向异性。对不同的岩体结构类型进行分类,是研究岩质边坡工程及其他岩体工程地质问题的有效方法。

从地质背景、结构特征、边坡稳定及破坏模式入手,将岩质边坡的地质结构划分为整体状结构边坡、块状结构边坡、层状结构边坡、碎裂结构边坡、散体结构边坡 5 种基本类型。其中,层状结构边坡又分为层状同向结构、层状反向结构、层状倾向结构 3 种亚类。

土质边坡的地质结构主要由土层性质控制,与一般岩质边坡的地质结构差距很大,其破坏模式也有很大差别。

边坡变形与破坏之间是一个量变向质变转化的过程。边坡变形主要包括松弛张裂和蠕变。边坡常见的破坏类型有崩塌、滑坡、滑塌、岩块流动、岩层曲折、错落及坍塌等。每一种变形和破坏类型的形成机理、受力方式、破坏特征、影响因素均有各自特点。

思考与练习

1. 地质构造和岩体结构对岩质边坡影响十分明显,下列说法不完全正确的是(　　)。

A. 在区域构造较复杂、新构造运动较活跃的地区,边坡稳定性一般较差

B. 一般来说,水平岩层的边坡稳定性较好,但存在陡倾的节理隙时,易形成崩塌和剥落

C. 一般来说,反倾的岩质边坡的稳定性比顺倾的差

D. 一般来说,边坡的坡度越陡,稳定性越差

2. 关于滑坡分类的一些叙述,下列说法错误的是(　　)。

A. 滑坡按滑动力学特征,可分为推动式、平移式和牵引式等

B. 按滑坡的岩土类型铁道部门将其分为堆积层滑坡、黄土滑坡、黏土滑坡及岩层滑坡等

C. 按滑动面与岩(土)体层面的关系,可分为均质滑坡、顺层滑坡和切层滑坡等

D. 按滑坡体厚度,可分为小型滑坡、中型滑坡、大型滑坡及巨型滑坡等

3. 关于滑坡的叙述,正确的是(　　)。

A. 滑坡是由山洪水流激发的,是含有大量泥沙、石块的特殊洪流

B. 滑坡的发生具有突发性,没有任何的前兆

C. 滑坡是持续降雨导致岩体顺滑动面滑动,在重力作用下发生的

D. 滑坡的形成完全是由人为因素造成的

4. 边坡工程技术规范规定,该规范适用的高边坡高度为下列哪一选项?(　　)

A. 岩质边坡高度 20 m 以下(含 20 m)、土质边坡 10 m 以下(含 10 m)的建筑边坡工程以及岩石基坑边坡工程

B. 岩质边坡高度 25 m 以下(含 25 m)、土质边坡 20 m 以下(含 20 m)的建筑边坡工程以及岩石基坑边坡工程

C. 岩质边坡高度 30 m 以下(含 30 m)、土质边坡 15 m 以下(含 15 m)的建筑边坡工程以及岩石基坑边坡工程

D. 岩质边坡高度 40 m 以下(含 40 m)、土质边坡 25 m 以下(含 25 m)的建筑边坡工程以及岩石基坑边坡工程

5. 建筑边坡中永久性边坡是指(　　)。

A. 使用年限超过 1 年的边坡

B. 使用年限超过 2 年的边坡

C. 使用年限超过 3 年的边坡

D. 使用年限为 5 年或 5 年以上的边坡

6. 按组成边坡的岩性,边坡可分为土质边坡、_____和_____边坡。

7. 根据崩塌的破坏机理,崩塌可划分为_____、_____、鼓胀式崩塌_____及错段式崩塌 5 种基本类型。

8.岩质滑坡按滑动面与层面的关系,可分为_____、_____和_____3 种基本类型。

9.边坡有哪些分类方法?

10.边坡变形和破坏的主要类型有哪些? 它们各有何特点?

11.简述崩塌和滑坡的主要区别。

12.如何对崩塌和滑坡进行分类?

项目 3
边坡工程勘察

学习内容

本项目主要介绍边坡工程勘察的基本技术要求,勘察阶段的划分,以及勘察报告的编制等。

学习目标

1.熟练掌握边坡工程勘察等级的划分原则。

2.掌握边坡工程勘察阶段的划分方法及意义。

3.熟练掌握各类边坡工程勘察方法与手段的技术要点。

4.熟练掌握边坡工程勘察岩土参数的分析整理方法。

5.熟悉边坡工程勘察报告编制的技术要点。

任务 3.1 边坡工程勘察概述

《岩土工程勘察规范(2009 年版)》(GB 50021—2001)中指出,岩土工程勘察应对各类土木工程中有关场地、地基基础的稳定性、岩土体或岩土材料的工程性状等问题进行技术方案论证、技术决策和技术监督工作。

边坡工程勘察是一项包括工程地质测绘与调查、勘探、室内测试、现场观测、成果分析与计算、技术经济分析与论证的综合性工作。它是针对边坡场地所在地质条件和工程要求,提出基础工程、整治工程和土石方工程的设计方案、施工措施,以及工程检测的建议和有关设计基准的基础。

《建筑边坡工程技术规范》(GB 50330—2013)第 4.2.2 条指出,边坡工程勘察应包括下列内容:

①场地地形和场地所在地貌单元。

②岩土时代、成因、类型、性状、覆盖层厚度、基岩面的形态和坡度、岩石风化和完整程度。

③岩、土体的物理力学性能。

④主要结构面特别是软弱结构面的类型、产状、发育程度、延伸程度、结合程度、充填状况、充水状况、组合关系、力学属性和与临空面的关系。

⑤地下水水位、水量、类型、主要含水层分布情况、补给及动态变化情况。

⑥岩土的透水性和地下水的出露情况。

⑦不良地质现象的范围和性质。

⑧地下水、土对支挡结构材料的腐蚀性。

⑨坡顶邻近(含基坑周边)建(构)筑物的荷载、结构、基础形式和埋深,地下设施的分布和埋深。

3.1.1 边坡工程勘察的基本技术要求

一般的边坡工程勘察属于岩土工程勘察的范畴,其地质勘察也应遵循岩土工程勘察的规范进行。下列建筑边坡工程应进行专门性边坡工程地质勘察:

①岩质边坡高度超过30 m、土质边坡高度超过15 m的建筑边坡工程以及非岩石基坑边坡工程。

②地质条件和环境条件复杂,有明显变形迹象的一级边坡工程。

③边坡邻近有重要建(构)筑物的边坡工程。

进行边坡工程勘察工作首先要收集相关的资料,边坡工程勘察前除应收集边坡及邻近边坡的工程地质资料外,还应取得以下资料:

①附有坐标和地形的拟建边坡支挡结构的总平面布置图。

②边坡高度、坡底高程和边坡平面尺寸。

③拟建场地的整平高程和挖方、填方情况。

④拟建支挡结构的性质、结构特点及拟采取的基础形式、尺寸和埋置深度。

⑤边坡滑塌区及影响范围内的建(构)筑物的相关资料。

⑥边坡工程区域的相关气象资料。

⑦场地区域最大降雨强度和20年一遇及50年一遇最大降水量;河、湖历史最高水位和20年一遇及50年一遇的水位资料;可能影响边坡水文地质条件的工业和市政管线、江河等水源因素,以及相关水库水位调度方案资料。

⑧对边坡工程产生影响的汇水面积、排水坡度、长度及植被等情况。

⑨边坡周围山洪、冲沟和河流冲淤等情况。

进行边坡工程勘察工作还需要确定边坡工程勘察等级,勘察等级的划分是为了勘察工作量的合理布置,边坡工程等级高,投入的勘察工作量就大,相应的勘察成本也会高。

《建筑边坡工程技术规范》(GB 50330—2013)规定,边坡工程勘察等级应根据边坡工程安全等级和地质环境复杂程度综合确定。首先对边坡工程安全等级和地质环境复杂程度进行分级,然后在此基础上进行综合分析,确定边坡工程勘察等级。

1)边坡工程安全等级的划分

边坡工程应按其损坏后可能造成的破坏后果(危及人的生命、造成经济损失、产生社会不良影响)的严重性、边坡类型和坡高等因素,根据表3.1确定边坡工程安全等级。

表 3.1　边坡工程安全等级

边坡类型		边坡高度 H/m	破坏后果	安全等级
岩质边坡	岩体类型为Ⅰ或Ⅱ类	$H \leq 30$	很严重	一级
			严重	二级
			不严重	三级
	岩体类型为Ⅲ或Ⅳ类	$15 < H \leq 30$	很严重	一级
			严重	二级
		$H \leq 15$	很严重	一级
			严重	二级
			不严重	三级
土质边坡		$10 < H \leq 15$	很严重	一级
			严重	二级
		$H \leq 10$	很严重	一级
			严重	二级
			不严重	三级

注:1.一个边坡工程的各段,可根据实际情况采用不同的安全等级。

　　2.对危害性极严重、环境和地质条件复杂的边坡工程,其安全等级应根据工程情况适当提高。

　　3.很严重:造成重大人员伤亡或财产损失;严重:可能造成人员伤亡或财产损失;不严重:可能造成财产损失。

破坏后果很严重、严重的下列边坡工程,其安全等级应定为一级:

①由外倾软弱结构面控制的边坡工程。

②工程滑坡地段的边坡工程。

③边坡塌滑区内有重要建(构)筑物的边坡工程。

边坡塌滑区范围可估算为

$$L = \frac{H}{\tan \theta} \qquad (3.1)$$

式中　L——边坡坡顶塌滑区外缘至坡底边缘的水平投影距离,m;

　　　H——边坡高度,m;

　　　θ——坡顶无荷载时边坡的破裂角,(°);对直立的土质边坡,可取 45° + ϕ/2,ϕ 为土体的内摩擦角;对斜面土质边坡,可取($\beta + \phi$)/2,β 为坡面与水平面的夹角,ϕ 为土体的内摩擦角;对直立的岩质边坡,可按《建筑边坡工程技术规范》(GB 50330—2013)第 6.3.3 条的规定确定;对具有倾斜坡面的岩质边坡,可按边坡规范第6.3.4条的规定确定。

岩质边坡的岩体类型应根据岩体完整程度、岩体的结构面结合情况、结构面的产状及直立边坡的自稳能力等因素,按照表 3.2 确定。

表 3.2　岩质边坡的岩体分类

边坡岩体类型	判定条件			
	岩体完整程度	结构面结合程度	结构面产状	直立边坡自稳能力
Ⅰ	完整	结构面结合良好或一般	外倾结构面或外倾不同结构面的组合线倾角 >75°或 <27°	30 m 高的边坡长期稳定,偶有掉块
Ⅱ	完整	结构面结合良好或一般	外倾结构面或外倾不同结构面的组合线倾角 27°~75°	15 m 高的边坡稳定,15~30 m 高的边坡欠稳定
	完整	结构面结合差	外倾结构面或外倾不同结构面的组合线倾角 >75°或 <27°	15 m 高的边坡稳定,15~30 m 高的边坡欠稳定
	较完整	结构面结合良好或一般	外倾结构面或外倾不同结构面的组合线倾角 >75°或 <27°	边坡出现局部落块
Ⅲ	完整	结构面结合差	外倾结构面或外倾不同结构面的组合线倾角 27°~75°	8 m 高的边坡稳定,15 m 高的边坡欠稳定
	较完整	结构面结合良好或一般	外倾结构面或外倾不同结构面的组合线倾角 27°~75°	8 m 高的边坡稳定,15 m 高的边坡欠稳定
	较完整	结构面结合差	外倾结构面或外倾不同结构面的组合线倾角 >75°或 <27°	8 m 高的边坡稳定,15 m 高的边坡欠稳定
	较破碎	结构面结合良好或一般	外倾结构面或外倾不同结构面的组合线倾角 >75°或 <27°	8m 高的边坡稳定,15 m 高的边坡欠稳定
	较破碎(碎裂镶嵌)	结构面结合良好或一般	结构面无明显规律	8 m 高的边坡稳定,15 m 高的边坡欠稳定
Ⅳ	较完整	结构面结合差或很差	外倾结构面以层面为主,倾角多为 27°~75°	8 m 高的边坡不稳定
	较破碎	结构面结合一般或差	外倾结构面或外倾不同结构面的组合线倾角 27°~75°	8 m 高的边坡不稳定
	破碎或极破碎	碎块间结合很差	结构面无明显规律	8 m 高的边坡不稳定

注:1. 结构面指原生结构面和构造结构面,不包括风化裂隙。
　　2. 外倾结构面系指倾向与坡向的夹角小于 30°的结构面。
　　3. 不包括风化基岩,全风化基岩可视为土体。
　　4. Ⅰ类岩为软岩时,应降为Ⅱ类岩体;Ⅰ类岩为较软岩且边坡高度大于 15 m 时,可降为Ⅱ类岩体。
　　5. 当地下水发育时,Ⅱ、Ⅲ类岩体可根据具体情况降低一档。
　　6. 强风化岩应划为Ⅳ类;完整的极软岩可划为Ⅲ类或Ⅳ类。
　　7. 当边坡岩体较完整、结构面结合差或很差、外倾结构面或外倾不同结构面的组合线倾角 27°~75°,结构面贯通性差时,可划为Ⅲ类。
　　8. 当有贯通性较好的外倾结构面时,应验算沿该结构面破坏的稳定性。

当无外倾结构面及外倾不同结构面组合时,完整、较完整的坚硬岩、较硬岩宜划为Ⅰ类,较破碎的坚硬岩、较硬岩宜划为Ⅱ类;完整、较完整的较软岩、软岩宜划为Ⅱ类,较破碎的较软岩、软岩可划为Ⅲ类。

在确定岩质边坡的岩体类型时,由坚硬程度不同的岩石互层组成且每层厚度小于或等于5 m的岩质边坡,宜视为由相对软弱岩石组成的边坡。当边坡岩层由两层以上单层厚度大于5 m的岩体组成时,可分段确定边坡岩体工程类型。

2)地质环境复杂程度的划分

边坡的地质环境复杂程度可根据组成边坡的岩土体特征、土质边坡特征、岩质边坡特征及水文地质条件等因素,按照表3.3综合确定。

表3.3　边坡地质环境复杂程度

边坡地质环境复杂程度	判定条件			
	组成边坡的岩土体特征	土质边坡特征	岩质边坡特征	水文地质条件
复杂	组成边坡的岩土体种类多,强度变化大,均匀性差	土质边坡潜在滑面多	岩质边坡受外倾结构面或外倾不同结构面组合控制	复杂
中等复杂	介于地质环境复杂与地质环境简单之间			
简单	组成边坡的岩土体种类少,强度变化小,均匀性好	土质边坡潜在滑面少	岩质边坡受外倾结构面或外倾不同结构面组合控制	简单

3)边坡工程勘察等级的确定

《建筑边坡工程技术规范》(GB 50330—2013)规定,边坡工程勘察等级应根据边坡工程安全等级和地质环境复杂程度,按表3.4确定。

表3.4　边坡工程勘察等级

边坡工程安全等级	边坡地质环境复杂程度		
	复杂	中等复杂	简单
一级	一级	一级	二级
二级	一级	二级	三级
三级	二级	三级	三级

3.1.2　边坡工程勘察阶段的划分

由于边坡工程重要性等级、工程任务、设计施工要求等不同,对于边坡工程勘察来说,很有必要根据不同的目的将工程勘察划分为不同的阶段。

《建筑边坡工程技术规范》(GB 50330—2013)第4.1.2条指出,一般的边坡工程可与建筑工程地质勘察一并进行,但应满足边坡勘察的工作深度和要求,勘察报告应有边坡稳定性评价的内容。大型的和地质环境条件复杂的边坡工程,宜分阶段勘察;当地质环境复杂、施工过程中发现地质环境与原勘察资料不符且可能影响边坡治理效果或因设计、施工原因变更边坡支护方案时,还应进行施工勘察。

目前,对边坡工程勘察阶段没有非常明确的划分,但《岩土工程勘察规范(2009 年版)》(GB 50021—2001)第 4.7.2 条指出,大型边坡勘察宜分阶段进行,各阶段应符合下列要求:

①初步勘察应收集地质资料,进行工程地质测绘和少量的勘探和室内试验,初步评价边坡的稳定性。

②详细勘察应对可能失稳的边坡及相邻地段进行工程地质测绘、勘探、试验、观测和分析计算,作出稳定性评价。对人工边坡,提出最优开挖坡角;对可能失稳的边坡,提出防护处理措施的建议。

③施工勘察应配合施工开挖进行地质编录,核对、补充前阶段的勘察资料,必要时,进行施工安全预报,提出修改设计的建议。

以上虽然提出了大型边坡的勘察要求,但未对边坡具体的阶段作出划分,因边坡工程勘察隶属岩土工程勘察,故本任务按《岩土工程勘察规范》将岩土工程勘察划分为可行性研究(选址勘察)阶段、初步勘察阶段、详细勘察阶段及施工勘察阶段 4 个阶段。

1)可行性研究(选址勘察)阶段

可行性研究阶段也称选址勘察阶段,主要任务是对拟建边坡场地的稳定性与适宜性作出评价,通过技术经济论证选择最优方案,对一些大型重要的工程显得很有必要。该阶段工作以收集资料和踏勘为主,必要时可辅以物探手段。具体需要做的主要工作如下:

①收集地形地貌、地震、当地工程地质、岩土工程及建筑经验资料。

②踏勘了解场地地层、构造、岩性,不良地质作用、地下水等工程地质条件。

③场地复杂,已有资料不能满足要求时,应进行工程地质测绘和必要的勘探。

④有两个和以上拟选场地时,应进行比选分析。

2)初步勘察阶段

主要任务是确定建筑边坡场地所在建筑物的具体位置,选择建筑物地基基础方案,对不良地质现象的防治措施进行论证。需详细查明建筑场地工程地质条件。

该阶段工作除了收集资料和踏勘以外,还需钻探、试验和长期观测,必要时需补充测绘和物探。具体需要做的主要工作如下:

①收集拟建工程有关文件、工程地质与岩土工程资料及场地范围地形图。

②初步查明地质构造、地层结构、岩土工程特性及地下水埋藏条件。

③查明场地不良地质作用成因、分布、规模及发展趋势,并对场地的稳定性作出评价。

④对抗震设防烈度大于 6 度的场地,应对场地和地基的地震效应作出初步评价。

⑤季节性冻土地区,调查场地标准冻深。

⑥初步判定水、土对建筑材料的腐蚀性。

⑦高层建筑,对基础类型、基坑开挖支护初步评价。

3)详细勘察阶段

该阶段主要任务是对建筑边坡场地所在的建筑单体和建筑群提出详细的岩土工程资料和设计、施工所需的岩土参数;对场地进行岩土工程评价,并对基础类型、地基处理、基坑支护、工程降水及不良地质作用防治等提出建议。该阶段工作以试验和补充勘探为主。具体需要做的主要工作如下：

①收集建筑总平面图,整平标高;建筑物性质、规模、荷载、结构、基础形式、埋深、地基允许变形等资料。

②查明不良地质作用类型、成因、分布范围、发展趋势、危害程度,提出整治方案建议。

③阐明建筑范围内岩土层类型、深度、分布及工程特性,分析与评价地基的稳定性、均匀性和承载力。

④提供地基变形计算参数,预测建筑变形特征。

⑤阐明地下水埋藏条件,提供地下水水位及变化幅度。

⑥季节性冻土地区,提供场地土的标准冻深。

⑦判定地下水对建筑材料的腐蚀性。

4)施工勘察阶段

施工勘察一般不作为一个勘察阶段。对工程地质条件复杂或有特殊要求的重要工程或发现异常地质情况,有时需要进行施工勘察。它包括施工地质编录、地基验槽与监测和施工超前预报,以校核已有的勘察成果资料。

任务 3.2　边坡工程勘察方法

边坡工程勘察隶属岩土工程勘察,岩土工程勘察的方法和技术手段也适用于边坡工程勘察,主要有工程地质测绘、勘探与取样、原位测试与室内试验等技术手段,但边坡工程勘察也有与其他工程的在勘察不同之处。

3.2.1　工程地质测绘

工程地质测绘是采用收集资料、调查访问、地质测量及遥感解译等方法,查明场地的工程地质要素,并绘制相应的工程地质图件的一项基础性工作。

《建筑边坡工程技术规范》(GB 50330—2013)第4.2.3条指出,边坡工程勘察应先进行工程地质测绘和调查。工程地质测绘和调查工作应查明边坡的形态、坡角、结构面产状和性质、岩土体特征等,工程地质测绘和调查范围应包括可能对边坡稳定有影响及受边坡影响的所有地段。

《岩土工程勘察规范(2009 年版)》(GB 50021—2001)指出,岩石出露或地貌、地质条件较复杂的场地应进行工程地质测绘。对地质条件简单的场地,可用调查代替工程地质测绘。工程地质测绘和调查宜在可行性研究或初步勘察阶段进行。在可行性研究阶段收集资料时,宜包括航空相片、卫星相片的解译结果。在详细勘察阶段,可对某些专门地质问题作补充调查。

1)工程地质测绘的研究内容

通过工程地质测绘,可查明边坡的基本情况。测绘研究的内容包括以下 7 个方面:

①查明地形、地貌特征及其与地层、构造和不良地质作用的关系,划分地貌单元。

②查明边坡场地岩土体的岩性、年代、成因、性质、厚度及分布情况。

③查明岩体结构类型、各种结构面产状和性质,岩、土接触面和软弱夹层的特性等,以及新构造活动形迹及其与地震活动的关系。

④查明地下水的类型、补给来源、排泄条件、井泉位置、埋藏深度、水位变化、污染情况与地表水间的关系。

⑤查明岩溶、土洞、滑坡、崩塌、泥石流、冲沟、地面沉降、地震震害、地裂缝、岸边冲刷等不良地质作用的形成、分布、形态、规模、发育程度及其对工程的影响。

⑥调查人类活动对场地稳定性影响，包括人工洞穴、地下采空、大挖大填、抽水排水及水库诱发地震等。

⑦收集气象、水文、植被及土的标准冻结深度。

2）工程地质测绘的范围、比例尺和精度

工程地质测绘范围取决于边坡的类型和规模、设计阶段以及工程地质条件的复杂程度。一般房屋建筑范围小。道路测绘主要采取沿线调查的方法。

工程地质测绘的比例尺主要取决于不同的勘察设计阶段。在同一设计阶段，测绘比例尺的选择主要取决于边坡勘察等级和工程建（构）筑物的重要等级。工程地质测绘的比例尺可分为小比例尺（1:50 000~1:100 000），中比例尺（1:10 000~1:25 000）和大比例尺（1:1 000~1:5 000或更大）。

边坡工程地质测绘比例尺大小的选择，可参考岩土工程勘察规范的相应内容，并结合实际工程经验特点综合确定：

规划阶段：踏勘及路线测绘采用1:20万~1:50万。

可行性研究阶段：1:5 000~1:50 000。

初步勘察阶段：1:2 000~1:10 000。

详细勘察阶段：1:500~1:2 000。

为了保障各种地质现象在地形图上表示的准确程度，岩土工程勘察规范指出测绘的地质界线和地质观测点的测绘精度，在图上不低于3 mm，在其他非重要地段的地质观测点的测绘精度可适当降低，但也不得超过5 mm。也有的教材认为，地质界线误差，一般不超过相应比例尺图上的2 mm。实际准许的最大误差为上述相应的精度数值乘以相应比例尺的分母。例如，若比例尺精度为3 mm，当以1:5 000的地形底图测绘时，实际准许的最大误差就为15 m。

测绘填图时，所划分单元的最小尺寸一般为图上2 mm，即地形图上大于2 mm者均应标在图上，对工程有重要影响的地质单元体（如滑坡、断层、软弱夹层及洞穴等），当在图上的范围不足2 mm时，可采用扩大比例尺表示，并可注明其实际数据；在任何比例尺上，一般认为图形界线的误差不得超过0.5 mm，在与测绘比例尺相同的地形底图上每1 cm² 方格内，应平均有一个观测点。

工程地质测绘时，在地质观测点的布置、密度和定位方面尚应满足下列要求：

①在地质构造钱、断层接触线、岩性分界线、标准层位以及每个地质单元体应有地质观测点。

②地质观测点的密度应根据场地的地貌、地质条件、成图比例尺和工程要求等确定，并应具代表性。

③地震观测点应充分利用天然和已有的人工露头，当露头少时，应根据具体情况布置一定数量的探坑或探槽。

④地质观测点的定位应根据精度要求选用适当方法；地质构造线、地层接触线、岩性分界线、软弱夹层、地下水露头等不良地质作用等特殊地质观测点，宜用仪器定位。

3)工程地质测绘的方法

工程地质测绘和调查主要沿一定路线沿途观察和在关键地点(露头点)上进行详细观察描述。中比例尺下,一般穿越岩层走向或横穿地貌、自然地质现象单元来布置观测线;大比例尺下,路线以穿越岩层走向布置为主,但需配合部分追索界线的线路,以圈定重要单元的边界。目前,主要有以下4种测绘方法:

(1)相片成图法

利用地面摄影、航空(卫星)摄影等相片,在室内进行判释,并在相片上选择若干地点和线路进行实地校核和修正。

(2)路线穿越法

沿一定路线(与岩层走向、构造线地貌单元垂直),穿越场地,将路线填在地形图上,沿途详细记录地层界线、构造线、岩层产状、地下水露头以及各种不良地质作用,填图。适用于中小比例尺测绘。

(3)路线布点法

测绘的基本方法。一般预先在地形图布置一定数量的线路与观测点。适用于中大比例尺测绘。

(4)路线追索法

沿地层走向、地质构造线的延伸方向、不良地质作用的边界线布点追索,查明某一局部的岩土工程问题。该法为前面两种方法的补充。

在实际测绘时,需根据实际地质和项目情况选用具体的方法,往往将以上路线穿越法、布点法和追索法结合起来,如图3.1所示。

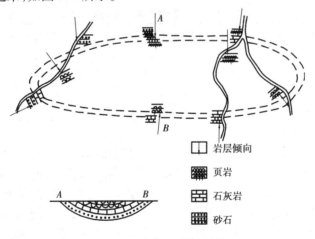

图3.1 路线法测绘示例

3.2.2 勘探与取样

勘探工作是岩土工程勘察的一种手段。它包括钻探、井探、槽探、坑探、洞探以及物探、触探等。勘探方法的选取应符合勘察目的和岩土的特性。当需查明岩土的性质和分布,采取岩土试样或进行原位测试时,可采用钻探、井探、槽探、洞探及地球物理勘探等。布置勘探工作时,应考虑勘探对工程自然环境的影响,防止对地下管线、地下工程和自然环境的破坏。钻孔、探井和探槽完工后,应妥善回填。静力触探、动力触探作为勘探手段时,应与钻探等其他勘探方法配合使用。勘探工作的主要任务包括以下 3 个方面：

①查明建筑场地地下有关的地质情况。

②提取岩土样及水样，供室内试验分析之用。

③利用勘探坑孔进行现场原位试验和布设长期观测点。

《建筑边坡工程技术规范》(GB 50330—2103)指出，边坡工程勘探应采用钻探(直孔、斜孔)、坑探、物探和取样等方法。对复杂、重要的边坡工程，可辅以洞探。位于岩溶发育的边坡，除采用上述方法外，还应采用物探方法。

边坡工程的勘探范围应包括坡面区域和坡面外围一定的区域。对无外倾结构面控制的岩质边坡的勘探范围：到坡顶的水平距离一般应不小于边坡高度；外倾结构面控制的岩质边坡的勘探范围应根据组成边坡的岩土性质及其可能发生破坏的模式确定；对可能按土体内部圆弧形破坏的土质边坡应不小于 1.5 倍土质边坡高度。对可能沿岩土界面滑动的土质边坡，后部应大于可能的后缘边界，前缘应大于可能的剪出口位置。勘察范围还应包括可能对建(构)筑物有潜在安全影响的区域。

勘探线应垂直边坡走向或平行主滑方向布置，在拟设置支挡结构的位置应布置平行和垂直的勘探线。成图比例尺应大于或等于 1:500，剖面的纵横比例尺应相同。

勘探点分为一般性勘探点和控制性的勘探点。控制性的勘探点宜占勘探点总数的 1/5 ~ 1/3，地质环境条件简单，大型的边坡工程取 1/5，地质环境条件复杂，简单的边坡工程取 1/3，并应满足统计分析的要求。

详细勘察的勘探线间距、点间距可按表 3.5 或地区经验确定，且对每一单独边坡段勘探线应不少于两条，每条勘探线应不少于两个勘探点(孔)。初步勘察的勘探线间距、点，可根据实际情况适当放宽。

表 3.5　详细勘察的勘探线、点间距

边坡勘察等级	勘探线间距/m	勘探点(孔)间距/m
一级	≤20	≤15
二级	20 ~ 30	15 ~ 20
三级	30 ~ 40	20 ~ 25

边坡工程的勘探点(孔)深度，应进入最下层潜在滑面 2.0 ~ 5 m，控制性钻孔取大值，一般性勘探孔取小值；支挡位置的控制性勘探孔深度，应根据可能选择的支挡结构物的形式和地质条件综合确定。对重力式挡墙、扶壁式挡墙和锚杆挡墙，可进入持力层不小于 2.0 m；对悬臂桩进入嵌固段的深度土质地层时不得小于悬臂长度的 1.0 倍，岩质地层时不得小于 0.7 倍。

对主要岩土层和软弱层，应采集试样进行物理力学性能试验。其试验项目应包括物理性质、强度和变形指标试验。试样的含水状态应包括天然状态和饱和状态。用于稳定性计算时，土的抗剪强度指标宜采用直接剪切试验获取；用于确定地基承载力时，土的峰值抗剪强度指标宜采用三轴试验获取。主要岩土层采集岩土指标的试样数量：土层不少于 6 组，对现场大剪试验，每组应不少于 3 个试件；岩样抗压强度应不少于 9 个试件。岩石抗压强度不少于 3 组。需要时，应采集岩样进行变形指标试验；有条件时，应进行结构面的抗剪强度试验。岩体和结构面的抗剪强度，宜采用现场试验确定。

1)钻探

钻探是利用钻探机械和工具在岩土层中钻孔的勘探方法。可直接探明地层岩性、地质构造、地下水埋深、含水层类型和厚度、滑坡位置及岩溶情况,还可取岩芯,在钻孔中试验。

(1)钻探方法和设备

目前,工程钻探常用的钻探方式包括人力钻探和机械钻探两种。人力钻探的钻具主要有洛阳铲和麻花钻等。钻探的钻进方式可分为回转式、冲击式、振动式及冲洗式4种。在边坡工程地质勘察中,可根据不同的勘探目的,选择合适的钻探方法。勘探浅部土层可采用小口径麻花钻(或提土钻)钻进、小口径勺形钻钻进、洛阳铲钻进等钻探方法。钻探方法可根据岩土类别和工程课程要求参照表3.6和实际工程经验选用。

表 3.6　钻探方法的适用范围

钻探方法		钻进地层					勘察要求	
		黏性土	粉土	沙土	碎石土	岩石	直观鉴别、采取不扰动试样	直观鉴别、采取扰动试样
回转	螺旋钻探	+ +	+	+	-	-	+ +	+ +
	无岩芯钻探	+ +	+ +	+ +	+	+ +	-	-
	岩芯钻探	+ +	+ +	+ +	+	+ +	+ +	+ +
冲击	冲击钻探	-	+	+ +	+ +	-	-	-
	锤击钻探	+ +	+ +	+ +	+	-	+ +	+ +
振动钻探		+ +	+ +	+ +	+	-	+	+ +
冲洗钻探		+	+ +	+ +	-	-	-	-

注: + + :适用; + :部分适用; - :不适用。

钻探过程包括以下3个基本程序:

①破碎岩土

采用人力和机械方法,使小部分岩土脱离整体而成为粉末、岩土块或岩土芯。

②采取岩土芯或排除破碎岩土

用冲洗液或压缩空气将孔底破碎的碎屑冲到孔外,或用钻具靠人力或机械将孔底的碎屑或样芯取出于地面。

③加固孔壁

为了顺利地进行钻探工作,必须保护好孔壁,不使其坍塌,一般采用套管或泥浆来护壁。

(2)钻探技术要求

《岩土工程勘察规范(2009年版)》(GB 50021—2001)对工程勘察钻探的具体要求包括:

①钻进深度和岩土分层深度的量测精度,应不低于 ±5 cm。

②应严格控制非连续取芯钻进的回次进尺,使分层精度符合要求。

③对鉴别地层天然湿度的钻孔,在地下水位以上应进行干钻;当必须加水或使用循环液时,应采用双层岩芯管钻进。

④岩芯钻探的岩芯采取率,对完整和较完整岩体应不低于80%,较破碎如破碎岩体应不低于65%,对需重点查明的部位(滑动带、软弱夹层等)应采用双层岩芯管连续取芯。

⑤当需确定岩石质量指标 RQD 时,应采用75 mm 口径(N 型)双层岩芯管和金刚石钻头。

（3）钻探成果

钻探成果包括钻探野外编录（岩芯描述、钻孔水文地质描述、钻进记录）、所采取岩土试样、钻孔地质柱状图等资料。

钻孔的记录和编录应符合以下要求：

①野外记录应由经过专业训练的人员承担；记录应真实及时，按钻进回次逐段填写，严禁事后追记。

②钻探现场可采用肉眼鉴别和手触方法。有条件或勘察工作有明确要求时，可采用微型贯入仪等定量化、标准化的方法。

③钻探成果可用钻孔野外柱状图或分层记录表示；岩土芯样可根据工程要求保存一定期限或长期保存，也可拍摄岩芯、土芯彩照纳入勘察成果资料。

2）坑探

坑探是用人工或机械掘进的方式来探明地表浅部或地下深部工程地质条件的一种勘探手段。它包括轻型坑探工程（探坑、探槽、浅井）和重型坑探工程（斜井、竖井、平洞和石门（平巷））两大类，如图3.2所示。当钻探方法难以准确查明地下情况时，可采用探井、探槽进行勘探。在坝址、地下工程、大型边坡等勘察中，当需详细查明深部岩层性质、构造特征时，可采用竖井或平洞。不同坑探工程的特点及其适用条件见表3.7。

表3.7 各种坑探工程的特点及其适用条件

类型		规格特点	用途	适用条件
轻型	试坑	圆形或方形小坑，深3~5 m，一般铅直	确定覆盖层，揭露基岩、风化层岩性及厚度，取原状样，载荷试验、渗水试验等	早期阶段，揭示浅部地质现象，如风化壳、第四系、接触界面等，用于取样及野外现场试验
	探槽	长形槽，深深3~5 m，一般垂直岩层或构造性布置	揭露基岩、地下水埋深，划分地层，研究破碎带，确定残坡积层厚度和物性	
	浅井	圆形或方形，深5~15 m，竖直井	确定覆盖层和风化层岩性和厚度，载荷试验，取原状岩土样	
重型	竖井	圆形或方形，深大于15 m，铅直井，布置在地形平缓，岩层倾角较缓地段	了解覆盖层厚度及物性，揭露风化壳、软弱夹层、断层破碎带、岩溶发育情况、滑坡体结构面和滑动面	后期阶段，重要工程、洞石工程；探明重要地质现象，用于深部取样、试验
	平洞	地面有出口的水平巷道，一般深度较大	调查斜坡地质结构，查明河谷地段地层岩性、软弱夹层、破碎带、卸荷裂隙、风化夹层等，可取样、作岩体原位试验、岩体波速测试、地应力测量等	
	石门（平巷）	地面无出露而与竖井相连的水平巷道，石门垂直岩层走向，平巷平行岩层走向	了解河底地质结构，试验等	

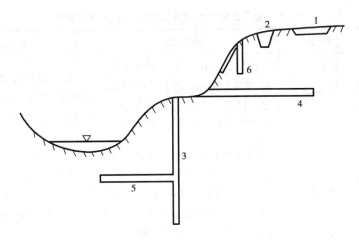

图 3.2 工程地质勘察中常用的坑探类型示意图
1—探槽;2—试坑;3—竖井;4—平洞;5—石门;6—浅井

与一般的钻探工程比较,坑探工程的优点是:勘察人员能直接观察岩土体和地质结构,成果准确可靠,且便于素描,可不受限制地从中采取原状岩土样和用作大型原位测试,尤其对研究断层破碎带、软弱泥化夹层和滑动面(带)等的空间分布特点及其工程性质等具有重要意义;坑探工程的缺点是:使用时往往受到自然地质条件的限制,耗费资金大而勘探周期长,尤其是重型坑探工程不可轻易采用。

探井的深度宜不超过地下水位。竖井和平洞的深度、长度和断面按工程要求确定。对探井、探槽和探洞,除文字描述记录外,还应以剖面图和展示图等反映井、槽、洞壁和底部的岩性、地层分界、构造特征、取样和原位试验位置,并辅以代表性部位的彩色照片。

展示图是坑探工程编录的主要内容,也是边坡勘察提交的主要成果资料。所谓展示图,是将坑探工程的底面和4个侧壁面按照一定的比例尺和制图方法将三维空间图形反映到平面上来的成果图。比例尺的选择根据坑探工程的规模、形状以及地质条件的复杂程度而定,一般可选用 1:25 ~ 1:100。

3)物探

组成地壳的各种岩土介质的密度、磁性、导电性、弹性及放射性等物理性质存在差异,从而引起相应地球物理场的局部变化。物探是用专门的物理方法和物探仪器,探测天然的或人工的地球物理场的变化,通过分析、研究所获得的物探资料,推断、解释地层厚度、地质构造、水文地质条件和各种物理地质现象的勘探方法。目前,主要的物探方法有重力勘探、磁法勘探、电法勘探、地震勘探及放射性勘探等,但应用最广泛的是电法和地震勘探。根据工作空间的不同,可分为地面物探、航空物探、海洋物探及井中物探等。

工程物探是工程地球物理勘探的简称。其主要目的是确定地下地质体的空间展布范围(大小、形状、埋深等)和测定岩土体的物性参数,从而解决地质问题。常用工程物探方法的应用范围及适用条件见表3.8。

表 3.8　常用工程物探方法的应用范围及适用条件

物探方法名称		物性参数	应用范围	适用条件
电法勘探	电阻率法 电剖面法	电阻率	探测地层在水平方向的电性变化,解决与平面位置有关的地质问题,如探测隐伏构造破碎带、断层、岩层接触界面位置及岩溶等	目标地质体具有一定的规模,倾角大于30°,与周围介质电性差异显著;地形平缓
	电测深法	电阻率	探测地层在垂直方向的电性变化,适宜于层状和似层状介质,解决与深度有关的地质问题,如覆盖层厚度、基岩面起伏形态、地下水位,以及测定岩(土)体电阻率	目标地层有足够厚度,地层倾角小于20°;相邻地层电性差异显著,水平方向电性稳定;地形平缓
	高密度电法	电阻率	电测深法自动测量的特殊形式,适用于详细探测浅部不均匀地质体的空间颁布,如洞穴、裂隙、墓穴、堤坝隐患等	目标地质体与周围介质电性差异显著,其上方无极高阻或极低阻的屏蔽层;地形平缓
	充电法	电位	用于钻孔或井中测定地下水流向、流速,以及了解低阻地质体的颁布范围和形态	含水层埋深小于50 m,地下水流速大于1 m/d;地下水矿化度小,覆盖层电阻率均匀
	自然电场法	电位	用于探测地下水的活动情况,也可用于探查地下金属管道、桥梁;输电线路铁塔的腐蚀情况	地下水埋藏较浅,流速足够大,矿化度较高
	激发极化法	极化率	探测地下水,测定含水层的埋深和分布范围,评价含水层的富水程度	测区地层存在激电效应差异,无游散电流干扰
电磁法勘探	频率测深法	电阻率	探测断层、破碎带、岩溶及地层界面	目标地质体与周围介质电性差异显著,覆盖层电阻率不能太低
	瞬变电磁法	电阻率	探测断层、破碎带、岩溶及地层界面,调查地下水和地热水源,圈定和监测地下水污染,探查堤坝隐患和水库渗漏	目标地质体具有一定的规模,且相对呈低阻,无极低阻屏蔽层;测区电磁干扰小
	可控音频大地电磁测深入法	电阻率和阻抗相位	探测中浅部断层、破碎带、岩溶等隐伏构造和地层界面	目标地质体具有一定的规模,与周围介质电性差异显著;测区地形平缓,测区电磁干扰小

物探方法名称		物性参数	应用范围	适用条件
电磁法勘探	探地雷达	介电常数和电导率	适用于探测浅部断层、构造破碎带、岩溶、地质灾害（滑坡、塌陷等）、堤坝隐患和覆盖层分层，以及隧道施工地质超前预报等	目标地质体与周围介质的介电常数差异显著
	电磁波 CT	吸收系数	适用于探测由钻孔、平洞、地面等包围的断层、破碎带、岩溶等不良地质体	目标地质体具有一定的规模，与周围介质的电性差异显著
地震勘探	直达波法	波速	测定岩土体的纵、横波速度，计算岩土层的动力学参数	适用于表层或钻孔、平洞、探坑、探槽等岩土体
	反射波法	波速	探测覆盖层厚度及不同深度的地层界面	地层之间具有一定的波阻抗差异
	折射波法	波速	探测覆盖层厚度及下伏基岩波速	下伏地层波速大于上覆地层波速
	瑞雷波法	波速	探测覆盖层厚度与不良地质体，覆盖层分层	目标地层或地质体与围岩之间存在显著的波速差异
	地震 CT	波速	划分风化和破碎岩体、探测断层、破碎带、风化带、岩溶等不良地质体的位置与规模	目标地层或地质体与围岩之间存在显著的波速差异
声波探测	声波测试	声速	测定岩体或混凝土的声波波速，计算动力学参数，测定岩体松弛厚度，评价岩体的完整性和岩体灌浆效果	适用于表层或钻孔、平洞、探坑、探槽等裸露的岩体或混凝土
	声波 CT	声速	划分风化和破碎岩体，检查建基岩体质量和灌浆效果，检测混凝土件及坝体部的缺陷	目标体与围岩之间存在显著的声速差异
放射性探测	α 射线测量	α 射线	探测隐伏构造破碎带和地下水	适用于探测具有较好透气性和渗水性的构造破碎带
	自然 γ 测量	γ 射线	探测隐伏构造破碎带和地下水	适用于探测具有较好透气性和渗水性的构造破碎带
	γ-γ 测量	γ 射线	测试岩（土）层的原状密度和孔隙度	适用于钻孔内测量

续表

物探方法名称		物性参数	应用范围	适用条件
综合测井	电测井	电阻率或电位	划分地层,区分岩性,确定软弱夹层、裂隙破碎带的位置及厚度;确定含水层的位置、厚度,划分咸、淡水分界面;测定地层电阻率	无套管,有井液孔段
	声波测井	声速	区分岩,判断岩体完整性,确定软弱夹层、裂隙破碎带的位置及厚度;测定地层的声波速度,估算岩体动弹性参数	无套管孔段
	钻孔电视	图像	区分岩性,确定层软弱夹层、裂隙破碎带的位置及厚度;了解岩溶发育情况;测定结构面产状	无套管,干孔或清水孔段
	放射线测井	γ射线	划分地层,区分岩性,鉴别软弱夹层、裂隙破碎带;测定岩层密实度和孔隙度	全孔段
	井上雷达	介电常数和电导率	探测钻孔周边断层、岩溶洞、破碎带及岩层界面的位置及规模,判断含水带位置	无金属套管
	井径测量	直径	测量钻孔直径,辅助划分地层	全孔段
	井斜测量	方位与倾角	测量钻孔的方位角和倾角	无磁性套管

岩土工程勘察中,可在下列方面采用地球物理勘探:

①作为钻探的先行手段,了解隐蔽的地质界线、界面或异常点。

②在钻孔之间增加地球物理勘探点,为钻探成果的内插、外推提供依据。

③作为原位测试手段,测定岩土体的波速、动弹性模量、动剪切模量、卓越周期、电阻率、放射性辐射参数以及土对金属的腐蚀性等。

物探的原理是通过探测岩土体介质的物性差异引起的地球物理场的变化,从而解译各种地质现象,故进行物探应具备以下条件:

①被探测对象与周围分质之间有明显的物理性质差异。

②被探测对象具有一定的埋藏深度和规模,且地球物理异常有足够的强度。

③能抑制干扰,区分有用信号如干扰信号。

④在有代表性地段进行方法的有效性试验。

因此,地球物理勘探应根据探测对象的埋深、规模及其与周围介质的物性差异,选择有效的方法。

由于岩土体介质本身的不均匀性和地球物理场的干扰因素,在进行地球物理勘探成果解释时,应考虑其多解性,区分有用信息与干扰信号。需要时,应采用多种方法探测,进行综合解译,并应有已知物探参数或一定数量的钻孔验证。

4)取样

岩土试样的采取也是边坡工程勘探的一项重要工作。岩土试样质量关系试验参数的可靠性。本任务结合现行岩土勘察规范从试样等级、取样工具、勘探取样基本技术要点等方面进行学习,取样相关实训可参考工程岩土与测试实训指导书。

土试样质量根据土扰动程度和试验目的按表3.9分为4个等级。其中,不扰动指的是原位应力状态虽已改变,但土的结构、密度和含水量变化很小,能满足室内试验各项要求;除地基基础设计等级为甲级的工程外,在工程技术要求允许的情况下可用Ⅱ级土试将进行强度和固结试验,但宜先对土试样受扰动程度作抽样鉴定,判定用于试验的适宜性,并综合地区经验使用试验成果。

表3.9　土试样质量等级划分

级别	扰动程度	试验内容
Ⅰ	不扰动	土类定名、含水量、密度、强度试验、固结试验
Ⅱ	轻微扰动	土类定名、含水量、密度
Ⅲ	显著扰动	土类定名、含水
Ⅳ	完全扰动	土类定名

取样工具对试样等级有重要影响,不同的土类应选择不同的取样工具,以保证试样的质量。试样采取的工具和方法可按表3.10并结合实际地质条件选择。

表3.10　不同等级土试样的取样工具和方法

土试样质量等级	取样工具和方法		适用土类									
			黏性土					粉土	沙土				砾沙、碎石土、软岩
			流塑	软塑	可塑	硬塑	坚硬		粉沙	细沙	中沙	粗沙	
Ⅰ	薄壁取土器	固定活塞	+ +	+ +	+	−	−	+	+	−	−	−	−
		水压固定活塞	+ +	+ +	+	−	−	+	+	−	−	−	−
		自由活塞	−	+	+ +	+	−	+	+	−	−	−	−
		敞口	−	+	+	−	−	+	+	−	−	−	−
	回转取土器	单动三重管	−	+	+ +	+ +	+	+ +	+ +	+ +	+	−	−
		双动三重管	−	−	−	+	+ +	−	−	−	+ +	+ +	+
	探井(槽)中刻取块状土样		+ +	+ +	+ +	+ +	+ +	+ +	+ +	+ +	+ +	+ +	+ +

续表

土试样质量等级	取样工具和方法		适用土类										
			黏性土					粉土	沙土				砾沙、碎石土、软岩
			流塑	软塑	可塑	硬塑	坚硬		粉沙	细沙	中沙	粗沙	
Ⅱ	薄壁取土器	水压固定活塞	++	+	++	+	-	+	+	-	-	-	-
		自由活塞	+	+	+	+	-	+	+	-	-	-	-
		敞口	++	+	+	+	-	+	-	-	-	-	-
	回转取土	单动三重管	-	+	+	++	+	+	+	++	+	-	-
		双动三重管	-	-	-	+	+	-	-	+	++	++	++
	厚壁敞口取土器		+	+	+	+	++	++	+	+	+	+	-
Ⅲ	厚壁敞口取土器		++	+	++	++	++	++	++	++	++	+	-
	标准贯入器		++	+	+	+	+	+	+	+	+	+	-
	螺纹钻头		++	+	+	+	+	+	+	-	-	-	-
	岩芯钻头		++	+	+	+	+	+	++	+	+	+	+
Ⅳ	标准贯入器		++	+	+	+	+	+	+	++	++	++	-
	螺纹钻头		++	+	+	+	+	+	+	-	-	-	-
	岩芯钻头		++	+	+	+	+	+	+	+	++	++	++

注:1. ++:适用;+:部分适用;-:不适用。

2. 采取沙土试样应有防止试样失落的补充措施。

3. 有经验时,可用束节式取土器代替薄壁取土器。

工程勘察中,常用的取土器有薄壁取土器和厚壁取土器两种。薄壁取土器按结构形式不同,可分为敞口自由活塞式、固定活塞式、水压固定活塞式等。薄壁取土器主要用于流塑、软塑、可塑、硬塑、粉土及粉沙等不坚硬的土质。对坚硬的土质不能用薄壁取土器取样的土,可用厚壁取土器来取样。工程勘察常见取土器的技术参数见表3.11。

表 3.11 工程勘察常见取土器技术参数

取土器参数	厚壁取土器	薄壁取土器		
		敞口自由活塞	水压固定活塞	固定活塞
面积比 $(D_w^2 - D_e^2) \times 100/D_w^2/\%$	13~20	≤10	10~13	
内间隙比 $(D_s - D_e) \times 100/D_e/\%$	0.5~1.5	0	0.5~1.0	
外间隙比 $(D_w - D_t) \times 100/D_t/\%$	0~2.0	0		

续表

取土器参数	厚壁取土器	薄壁取土器		
		敞口自由活塞	水压固定活塞	固定活塞
刃口角度 $\alpha/(°)$	< 10	5 ~ 10		
长度 L/mm	400,500	对砂土: $(5 \sim 10)D_e$ 对黏性土: $(10 \sim 15)D_e$		
外径 $D_t/mm)$	75 ~ 89,108	75,100		
衬管	整圆或半合管,塑料、酚醛层压纸或镀锌铁皮制成	无衬管,束节式取土器衬管同左		

注:1. 取样管及衬管内壁必须光滑圆整。

　　2. 在特殊情况下,取土器直径可增至 150 ~ 250 mm。

　　3. 表中符号:

　　　　D_e—取土器刃口内径。

　　　　D_s—取样管内径,加衬管时为衬管内径。

　　　　D_t—取样管外径。

　　　　D_w—取土器管靴外径,对薄壁管 $D_w = D_t$。

取样过程中,一般来说沙性土样比黏性土样容易破坏,故在钻孔中采取Ⅰ,Ⅱ级沙样时,可采用原状取沙器取样;在钻孔中采取Ⅰ,Ⅱ级土试样时,也应该满足以下要求:

①在软土、沙土中宜采用泥浆护壁;如使用套管,应探持管内水位等于或稍高于地下水位,取样位置应低于套管底 3 倍孔径的距离。

②采用冲洗、冲击、振动等方式钻进时,应在预计取样位置 1 m 以上改用回转钻进。

③下放取土器前应仔细清孔,清除扰动土,孔底残留浮土厚度应不大于取土器废土段长度(活塞取土器除外)。

④采取土试样宜用快速静力连续压入法。试样采取的具体操作方法可参考现行行业标准《建筑工程地质勘探与取样技术规程》(JGJ/T 87—2012)相关内容。

除了上述取样工具和取样方法,土试样的运输、保存也有相关规定:Ⅰ,Ⅱ,Ⅲ级土试样应妥善密封,防止湿度变化,严防暴晒或冰冻引起土试样含水量和结构的变化。在运输中,应避免振动,保存时间宜不超过 3 周。对易于振动液化和水分离析的土试样,宜就近进行试验。

岩石试样的采取比土试样要复杂,岩石试样可利用钻探岩芯制作或在探井、探槽、竖井和平洞中刻取。采取的毛样尺寸应满足试块加工的要求。在特殊情况下,试样形状、尺寸和方向由岩体力学试验设计确定。

3.2.3　室内试验与原位测试

室内试验是在实验室内测定现场采取的岩土样的物理力学性质。原位测试是在岩土体所处的位置,基本保持岩土原来的结构、温度和应力状态情况下,对岩土体进行的测试。通过室内或原位试验,可测定边坡岩土的各项物理力学特性,提供相应的指标,作为边坡计算分析和工程处理的依据。室内试验和原位测试的试验项目、优缺点和试验指标见表 3.12。

表 3.12　室内试验与原位测试概述

	试验项目	适用范围	主要岩土参数指标	优点	缺点
室内试验	土物理力学性质试验	各种土试样	土物理性质指标:天然密度 ρ、含水量 ω、土粒密度 ρ_s 等 土力学性质指标:内聚力 c、内摩擦角 φ、压缩系数 α 等	简便、条件明确且能够预先控制、方法比较成熟、成本较低	试样体积小,试样受到不同程度的扰动、沙土较难取得原状试样
	岩体物理力学性质试验	各种岩体试样	岩体物理性质指标:岩块密度 ρ、含水率 ω、颗粒密度 ρ_s 吸水率 ω_a 等 岩体学性质指标 c,φ,单轴抗压强度 R 等		
	岩土水化学分析试验	各种岩土水试样	土有机质含量 W_u、土 pH 值、岩石硫酸盐及硫化物含量等		
原位测试	载荷试验	岩石、碎石土、沙土、粉土、黏性土、填土、软土	强度参数、模量、固结比、承载力	不需经过钻探取样,直接测定岩土力学性质,更能真实反映岩土的天然结构及天然应力状态下的特性;所涉及的试验尺寸较室内试验样品要大得多,因而更能反映岩土体的宏观结构如裂隙等)对其性质的影响,更具代表性;可重复进行验证,缩短试验周期	难以控制边界条件;费工费时,成本高;所测参数和岩土工程性质之间关系建立在大量统计的经验关系之上
	静力触探试验	粉土、黏性土、软土、部分沙土和填土	鉴别土类、剖面分层、物理状态、承载力、液化判别		
	圆锥动力触探试验	碎石土、沙土、粉土、黏性土、填土	承载力		
	标准贯入试验	沙土、粉土、部分黏性土	鉴别土类、剖面分层、物理状态、模量、承载力、液化判别		
	十字板剪切试验	黏性土、软土	强度参数		
	旁压试验	沙土、黏性土、粉土	强度参数、超固结比		
	扁铲侧胀试验	沙土、一般黏性土、粉土、黄土	土层划分、模量、超固结比、强度参数		

续表

试验项目		适用范围	主要岩土参数指标	优点	缺点
原位测试	波速测试	岩石、碎石土、沙土、粉土、黏性土、填土、软土	强度参数		
	岩体变形试验	岩体	变形参数		
	岩体强度试验	岩体	抗剪强度参数、抗压强度参数、模量		
	岩体应力测试	岩石	岩体应力		
	岩石强度简易测试	岩石	岩石点荷载强度指数($I_{s(50)}$)		

3.2.4　边坡勘察基本技术要求及要点

边坡工程勘察工作除了上述勘察等级划分和勘探方法与取样工作外,现行国家标准《建筑边坡工程技术规范》(GB 50330—2013)还指出:

①建筑边坡工程勘察应提供水文地质参数。对土质边坡及较破碎、破碎和极破碎的岩质边坡宜在不影响边坡安全条件下,通过抽水、压水或渗水试验确定水文地质参数。

②建筑边坡工程勘察除应进行地下水力学作用和地下水物理、化学作用的评价以外,还应论证孔隙水压力变化规律和对边坡应力状态的影响,并应考虑雨季和暴雨过程的影响。

③对地质条件复杂的边坡工程,初步勘察时宜选择部分钻孔埋设地下水和变形监测设备进行监测。

④除各类监测孔外,边坡工程勘察中的探井、探坑和探槽等在野外工作完成后,应及时封填密实。

⑤对大型待填的填土边坡,宜进行料源勘察。针对可能的取料地点,查明用于边坡填筑的岩土工程性质,为边坡填筑的设计和施工提供依据。

3.2.5　危岩崩塌勘察要点

边坡工程勘察的任务之一是要查明危岩崩塌、滑坡等不良地质现象的范围和性质。因此,边坡场地及周边存在危岩崩塌时,还需做危岩崩塌的专项勘察。危岩崩塌勘察,宜在拟建建(构)筑物的可行性研究或初步勘察阶段进行,应查明危岩分布及产生崩塌的条件、危岩规模、类型、稳定性以及危岩崩塌危害的范围等,并对崩塌危害作出工程建设适宜性的评价,根据崩塌产生的机制提出防治方案建议。崩塌调查包括已有崩塌堆积体和危岩体调查。根据崩塌的规模和处理的难易程度,可将崩塌划分为以下3类:

①Ⅰ类:落石方量大于5 000 m³,破坏能力强,较难处理。

②Ⅱ类:介于Ⅰ类和Ⅲ类之间。

③Ⅲ类:落石方量小于500 m³,破坏能力弱,较易处理。

危岩崩塌区勘察应满足下列要求：

①收集当地崩塌史（崩塌类型、规模、范围、方向和危害程度等）、水文、气象、工程地质勘察（含地震）及防治危岩崩塌的经验等资料。

②查明崩塌区的地形地貌特征及其和危岩体的关系。

③查明危岩崩塌区的地质环境条件。重点查明危岩崩塌区的岩体结构类型、结构面形状、闭合程度、组合关系、力学属性、贯通情况和岩性特征、风化程度及下覆洞室等。

④查明地下水活动状况，地下水的补给、径流、排泄关系。

⑤分析危岩变形迹象和发生崩塌的原因。

危岩崩塌区勘察以工程地质测绘为主。工程地质测绘的比例尺，宜选用 1:200～1:500；对危岩体和危岩崩塌方向主剖面的比例尺，宜选用 1:200；对主要裂缝，应专门进行测绘，并绘制素描图。

应根据危岩的破坏形式按单个危岩形态特征进行定性或定量评价，并提供相关图件（崩塌区工程地质图、主剖面地质断面图等），标明危岩分布、大小和数量。

当崩塌区下方有工程建设设施和居民点，危岩稳定性判定时，应对张裂缝进行监测。对破坏后果严重的大型危岩，应结合监测结果对可能发生崩塌的时间、规模、方向、途径及危害范围作出预测和预报。

崩塌勘探方法以物探、剥土、探槽及探井等山地工程为主，并可辅以适量的钻探工程进行验证。

任务 3.3　勘察资料的分析与整理

勘察成果整理是在收集已有资料基础上，结合工程地质测绘、勘探、测试、检验与监测等所获得的各项原始资料和数据，进行岩土参数的分析与选定、岩土工程分析评价、反分析和编写勘察报告等工作。勘察报告完成后，才可准备进行报告的评审工作。

3.3.1　边坡工程岩土参数的分析与选取

1）岩土参数的可靠性和适用性

边坡岩土参数可通过试验、规范和地区经验获得，岩土参数的分析和选定是边坡工程计算和分析评价的基础，它直接关系评价的合理性和设计计算的可靠性。边坡岩土参数可分为两类：一类是评价指标，用以评价岩土的工程地质性状，作为鉴定类别、地层岩土分析的主要依据；另一类是计算指标，用以岩土工程计算，分析预测岩土体在各种工况下的力学行为和变化趋势，并指导施工和监测。边坡工程对这两类岩土参数的基本要求是可靠性和适用性。可靠性是指参数能正确反映岩土体在规定条件下的性状，能较准确地估计参数真值所在的区间；适用性是指参数能满足岩土工程设计计算的假设条件和计算精度要求。岩土工程勘察报告应对主要参数的可靠性和适用性进行分析，并在此基础上选定所需参数。

岩土参数的可靠性和适用性受很多因素的影响，根据已有资料分析其在很大程度上取决于岩土体的受扰动程度和试验标准。岩土体的受扰动程度取决于取样器和取样方法的问题；试验标准决定拟采取的试验方法和取值标准问题，故岩土参数的可靠性和适用性也涉及此两个问题。

通过采用不同取样器和取样方法、不同试验方法和取值标准进行对比试验,对不同的土体,采用不同的取样方法,发现凡是由结构扰动较大强度降低得多的土,其数据的离散性也显著增大。对同一土层的同一指标,采用不同的试验方法和标准进行试验,发现所获数据差异很大。因此,在进行岩土计算时,不仅要分析岩土参数的数据,而且要了解数据获取过程(即取样和试验方面的问题),从而对岩土参数的可靠性和适用性进行评价。

《岩土工程勘察规范(2009 年版)》(GB 50021—2001)指出,岩土参数应根据工程特点和地质条件选用,并按下列内容评价其可靠性和适用性:

①取样方法和其他因素对试验结果的影响。

②采用的取样方法和取值标准。

③不同测试方法所得结果的分析比校。

④测试结果的离散程度。

⑤测试方法与计算模型的配套性。

2) 岩岩土参数的统计分析

由于岩土体具有非均质性、不连续性和各向异性等特点,测定岩土参数的取样工具、取样方法、试验方法及试验条件等不同,在一定条件下进行试验,并获得不相同的岩土参数结果,实际获得的岩土参数与工程原型之间可能存在差异,即岩土参数是随机变量,变异性较大。因此,在进行岩土工程设计计算时,应在划分工程地质单元的基础上作统计分析,了解各项指标的概率系数,确定其标准值和设计值。

岩土参数统计分析前,一定要正确划分工程地质单元体。按工程地质单元体,布置勘探试验工作及统计整理试验成果,能较好地反映客观情况。工程地质单元体是指对建筑场地按工程地质条件划分的单元。同一工程地质单元中各部位工程地质条件相近,不同工程地质单元的数据不能一起统计,否则不同工程地质单元体岩土的物理力学性质参数差异较大,导致统计的数据毫无价值。因此,岩土的物理力学指标应按场地的工程地质单元和层位分别统计,并分析数据的分布情况和说明数据的取舍标准。

由于土的不均匀性,对同一工程地质单元(土层)取的土样,用相同方法测定的数据通常是离散的。因此,可用概率统计里的频率分布直方图和分布密度函数来表示其分布规律。实践证明,即使在原材料组成和工艺条件均相同的条件下,生产出的材料,其性能测试结果也不完全一样(如混凝土试件),它们往往表现出一定规律的波动性,而非杂乱无章。为了便于研究实验数据的数字特征,一般采用统计特征值。通常把特征值分成两类:一类用来作为某批数据的典型代表,是反映数据分布的集中情况或中心趋势的(如算术平均值和中位数等);另一类是反映数据分布离散程度或离散性质的(如标准差(均方差)、极差和变异系数等)。

岩土参数的平均值 ϕ_m、标准差 σ_f 和变异系数 δ 应按公式计算为

$$\phi_m = \frac{\sum\limits_{i=1}^{n} \phi_i}{n} \tag{3.2}$$

$$\sigma_f = \sqrt{\frac{1}{n-1}\left[\sum_{i=1}^{n} \phi_i^2 - \frac{\left(\sum\limits_{i=1}^{n} \phi_i\right)^2}{n}\right]} \tag{3.3}$$

$$\delta = \frac{\sigma_f}{\phi_m} \tag{3.4}$$

平均值是表征数据集中情况或中心趋势的一个统计指标。它是一组数据之和,除以这组数据的项数(见式3.2)。算术平均值在统计学上较中位数、众数受到随机因素影响更少,缺点是它更易受到极端值的影响。

标准差也称标准偏差或实验标准差,是一组数据自平均值分散开来的程度的一种测量观念,用所有数减去平均值。它的平方和除以样本数减一(如是总体除以总体数),再把所得值开根号,即1/2次方,得到的数就是这组数据的标准差(见式3.3)。一个较大的标准差,代表大部分的数值和其平均值之间差异较大;一个较小的标准差,代表这些数值较接近平均值。因此,标准差能反映一个数据集的离散程度。平均数相同的,标准差未必相同。

标准差与平均值的比值,称为变异系数(见式3.4),记为δ,又称离散系数或标准差率。它是衡量实验数据变异程度的另一个统计特征值。当进行两个或多个数据变异程度的比较时,如果度量单位与平均值相同,可直接利用标准差来比较;如果单位与平均值不同时,比较其变异程度就不能采用标准差,而需采用标准差与平均值的比值(相对值)来进行比较。

当需要比较两组数据离散程度大小时,如果两组数据的测量尺度相差太大,或者数据量纲不同,就不能直接使用标准差来进行比较。此时,变异系数就可消除测量尺度和量纲的影响。变异系数是无量纲,按照其均数大小进行标准化,这样就可进行客观比较了。因此,可认为变异系数与极差、标准差和方差一样,都是反映数据离散程度的绝对值。其大小不仅受数据离散程度的影响,而且还受数据平均水平大小的影响。

岩土参数的变异性按变异系数的大小,可分为不同等级(变异类型)(见表3.13)。它有助于岩土工程师定量地判别和评价岩土参数的变异特性,以便提出合适的设计参数值。

表3.13　岩土参数的变异等级

变异系数	$\delta < 0.1$	$0.1 \le \delta < 0.2$	$0.2 \le \delta < 0.3$	$0.3 \le \delta < 0.4$	$\delta \ge 0.4$
变异性等级	很低	低	中等	高	很高

岩土参数同时具有水平变异性和垂直变异性两种特性。分析岩土参数的变异规律,有助于正确理解这些参数的变异特性,从而正确划分力学层位或区分统计指标。力学计算中,应用参数变异规律的函数,可估计岩土体在复杂条件下的反应或变化趋势。边坡勘察需要时,应分析参数在水平方向上的变化规律。

绘制主要参数沿深度(垂向)变化的图件,并按其变化特点划分为相关型和非相关型。相关型参数随深度呈有规律的变化(正相关或负相关),相关型参数宜结合岩土参数与深度的经验关系,可按下式确定剩余标准差,并用剩余标准差计算变异系数,即

$$\sigma_r = \sigma_f \sqrt{1 - r^2} \tag{3.5}$$

$$\delta = \frac{\sigma_r}{\phi_m} \tag{3.6}$$

式中　σ_r——剩余标准差;

r——相关系数;对非相关型,$r = 0$。

按计算确定的δ值,岩土参数随深度的变异特性:当$\delta < 0.3$时,为均一型;当$\delta \ge 0.3$时,

为巨变型。

　　3)岩土参数的标准值和设计值

　　岩土参数的标准值是岩土参数的基本代表值,是岩土参数的可靠性估值。设计时,通常取概率分布的 0.05 分位数。它是统计学中的区间估计理论求得的母体平均值置信区间的单侧置信界限值。母体平均值 μ 可靠性估值 f_k(即标准值)的概率表达式为

$$P(\mu < \phi_k) = \alpha \qquad (3.7)$$

式中　α——风险率,即此概率分布的某一分位数,是一个可接受的小概率,如取 ϕ_k 作为设计
　　　　取值,α 取 0.05。

　　式中的标准值是对分布的单侧置信下限的估计,意味着参数母体平均值小于此值的概率为 α。它表示在大量的重复抽样对材料性能作测定时,将有 95% 的测定值大于 ϕ_k,小于 ϕ_k 的风险为 5%。

　　岩土参数标准值的计算可参考《岩土工程勘察规范》计算为

$$\phi_k = \gamma_s \phi_m \qquad (3.8)$$

$$\gamma_s = 1 \pm \left\{ \frac{1.704}{\sqrt{n}} + \frac{4.678}{n^2} \right\} \delta \qquad (3.9)$$

式中　γ_s——统计修正系数。

　　式(3.9)中的正负号按不利组合考虑,如抗剪强度指标的修正系数应取负值。统计修正系数也可按岩土工程的类型和重要性、参数的变异性和统计数据的个数,根据经验选用。

　　控制岩土工程设计的是由某一范围土体抗剪强度性能及体积重综合作用形成的抗力与外力的平衡条件。例如,不同内摩擦角的土体,土坡滑动面的位置也会不同。如当 $\phi > 3°$ 时,滑动面为坡脚圆;当 $\phi = 0°$ 且坡角 $< 53°$ 时,则为中点圆。因此,抗剪强度标准值的取值应反映某一范围土体的综合性能,采用对总体平均值作区间估计的理论。

　　岩体结构面的抗剪强度指标,宜根据现场原位试验确定。试验应符合现行国家标准《工程岩体试验方法标准》(GB/T 50266—2013)的有关规定。当无条件进行试验时,结构面的抗剪强度标准值在初步设计时可按表 3.14,并结合类似工程经验综合确定。

表 3.14　结构面抗剪强度指标标准值

结构面类型		结构面结合程度	内摩擦角 $\phi/(°)$	黏聚力 c/MPa
硬性结构面	1	结合好	>35	>0.13
	2	结合一般	35~27	0.13~0.09
	3	结合差	27~18	0.09~0.05
软弱结构面	4	结合很差	18~12	0.05~0.02
	5	结合极差(泥化层)	<12	<0.02

　　表 3.14 中,除第一项和第五项外,结构面两壁岩性为极软岩、软岩时,取较低值;取值时,应考虑结构面的贯通程度;结构面浸水时,取较低值;临时性边坡,可取高值;已考虑结构面的时间效应;未考虑结构面参数在施工期和运行期受其他因素影响发生的变化,当判定为不利因素时,可进行适当折减。

　　岩体结构面的结合程度可按表 3.15 确定。

表 3.15 结构面的结合程度

结合程度	结合状况	起伏粗糙程度	结构面张开度/mm	充填状况	岩体状况
结合良好	铁硅钙质胶结	起伏粗糙	≤3	胶结	硬岩或较软岩
结合一般	铁硅钙质胶结	起伏粗糙	3~5	胶结	硬岩或较软岩
	铁硅钙质胶结	起伏粗糙	≤3	胶结	软岩
	分离	起伏粗糙	≤3(无充填时)	无充填或岩块、岩屑充填	硬岩或较软岩
结合差	分离	起伏粗糙	≤3	干净无充填	软岩
	分离	平直光滑	≤3(无充填时)	无充填或岩块、岩屑充填	各种岩层
	分离	平直光滑		岩块、岩屑夹泥或附泥膜	各种岩层
结合很差	分离	平直光滑、略有起伏		泥质或泥夹岩屑充填	各种岩层
	分离	平直很光滑	≤3	无充填	各种岩层
结合极差	结合极差	—		泥化夹层	各种岩层

表 3.15 中:

①结构面起伏度 $R_A = A/L$。其中 A 为连续结构面起伏幅度,cm;L 为连续结构面取样长度,cm,测量范围 L 一般为 1.0~3.0 m。起伏度:当 $R_A ≤ 1\%$ 时,平直;当 $1\% < R_A ≤ 2\%$ 时,略有起伏;当 $2\% < R_A$ 时,起伏。

②粗糙度:很光滑,感觉非常细腻如镜面;光滑,感觉比较细腻,无颗粒感觉;较粗糙,可以感觉到一定的颗粒状;粗糙,明显感觉到颗粒状。

当无试验资料和缺少当地经验时,天然状态或饱和状态岩体内摩擦角标准值,可根据天然状态或饱和状态岩块的内摩擦角标准值,结合边坡岩体完整程度按表 3.16 中的系数折减确定。表 3.16 中,全风化层可按成分相同的土层考虑;强风化基岩可根据地方经验适当折减。

表 3.16 边坡岩体内摩擦角的折减系数

边坡岩体完整程度	内摩擦角的折减系数
完整	0.95~0.90
较完整	0.90~0.85
较破碎	0.85~0.80

边坡岩土的等效内摩擦角也称似内摩擦角,是指考虑岩土黏聚力影响的假想内摩擦角。它是在土工试验中采用直剪试验得到的摩擦角指标。当需要边坡岩体等效内摩擦角指标时,

其值也可按当地经验确定;当缺乏当地经验时,可按表 3.17 确定。表 3.17 适用的边坡高度为不大于 30 m 的岩质边坡。当边坡高度大于 30 m 时,应作专门的研究。边坡高度较大时,宜取较小值;高度较小时,宜取较大值。当边坡岩体变化较大时,应按同等高度段分别取值。表 3.17 已考虑时间效应,对 Ⅱ,Ⅲ,Ⅳ 类岩质临时边坡,可取上限值。Ⅰ 类岩质临时变坡,可根据岩体强度及完整程度取大于 72°的数值;表 3.17 适用于完整、较完整的岩体,破碎、较破碎的岩体可根据地方经验适当折减。

表 3.17　边坡岩体等效内摩擦角标准值

边坡岩体类型	Ⅰ	Ⅱ	Ⅲ	Ⅳ
等效内摩擦角 $\phi_e /(°)$	$\phi_e > 72$	$72 \geq \phi_e > 62$	$62 \geq \phi_e > 52$	$52 \geq \phi_e > 42$

边坡稳定性计算参数选择时,应根据不同的工况选择不同的抗剪强度指标。土质边坡按照水土合算原则计算时,地下水位以下宜采用土的饱和自重固结不排水抗剪强度指标;按水土分算原则计算时,地下水位以下宜采取土的有效抗剪强度指标。

填土边坡的力学参数宜根据试验并结合当地工程经验综合确定。应根据工程要求、填料的性质和施工质量等因素,综合确定试验方法;试验条件应尽可能接近实际状况,以增加参数的可靠性。

土质边坡抗剪强度试验方法的选择应符合下列规定:

①土质边坡含水状态分天然和饱和状态,其抗剪强度试验方法的选择应考虑坡体内的含水状态,根据坡体内的含水状态选择天然或饱和状态下的抗剪强度试验方法。

②在计算土压力和抗倾覆稳定性验算时:对黏土、粉质黏土,宜选择直剪固结快剪或三轴固结不排水剪;对粉土、沙土和碎石土,宜选择有效应力强度指标。

③在计算土质边坡整体稳定、局部稳定和抗滑稳定性时:对饱和软黏性土,宜选择直剪快剪、三轴不固结不排水试验或十字板剪切试验;对一般黏性土、沙土和碎石土,可参照在计算土压力和抗倾覆稳定性验算时的参数选择规定。

在岩土工程勘察成果报告中,应按下列不同情况提供岩土参数值:

①一般情况下,应提供岩土参数的平均值 ϕ_m、标准差 σ_f、变异系数 δ、数值分布范围和数据的个数 n;

②承载能力极限状态计算需要的岩土参数标准值,应按式(2.8)、式(2.9)($\phi_k = \gamma_s \phi_m$)计算;当设计规范另有专门规定的标准值取值方法时,可按有关规范执行。正常使用极限状态计算需要的岩土参数,宜采用平均值。评价岩土性状需要的岩土参数,应采用平均值。

③当用分项系数描述的设计表达式计算时,岩土参数的设计值 ϕ_d 可计算为

$$\phi_d = \frac{\phi_k}{\gamma} \tag{3.10}$$

式中　γ——岩土参数的分项系数,按有关设计规范的规定取值。

3.3.2　边坡工程地质勘察报告

边坡工程地质勘察报告是在原始资料的基础上进行整理、统计、归纳、分析及评价,提出工程建议,形成系统的为工程建设服务的勘察技术文件。

1)报告的基本内容

岩土工程勘察报告的内容,应根据任务要求、地质条件、工程特点、勘察阶段及勘察等级等具体情况编写。不同类型的岩土工程勘察报告内容不尽相同,但各类报告应包括以下基本内容:

①勘察目的、任务要求和依据的技术标准、任务由来、委托单位、工作简况、以往地质工作及已有资料,完成工作量及质量评述等情况。

②拟建工程概况。

③勘察方法和勘察工作布置,包括各项勘察工作的数量布置及依据,工程地质测绘、勘探、取样、室内试验及原位测试等方法的必要说明。

④场地工程地质条件分析,包括地形、地貌、地层、地质构造、岩土性质及其均匀性等,对场地稳定性和适宜性作出评价。

⑤岩土参数的分析与选用,包括各项岩土性质指标(岩土的强度参数、变形参数)的测试成果及其可靠性和适宜性,评价其变异性,提出其标准值,地基承载力的建议值。

⑥水文地质和不良地质现象等内容,特别是地下水埋藏情况、类型、水位及其变化;必要时,做水和土对建筑材料的腐蚀性评价。

⑦根据地质和岩土条件、工程结构特点及场地环境情况,提出地基基础方案、不良地质现象整治方案、开挖和边坡加固方案等岩土利用、整治和改造方案的建议,并进行技术经济论证。

⑧对建筑结构设计和监测工作的建议,工程施工和使用期间应注意的问题,下一步岩土工程勘察工作的建议等。

⑨工程施工和运营期间可能发生的岩土工程问题的预测及监控、预防措施的建议。

2)报告的内容结构

岩土工程勘察报告书既是勘察取得的原始资料的综合、总结,具有一定科学价值,也是工程设计的地质依据。应明确回答工程设计所提出的问题,并应便于工程设计部门的应用。报告书正文应简明扼要,但足以说明工作地区工程地质条件的特点,并对工程场地作出明确的工程地质评价(定性、定量)。报告一般由文字报告(正文)、所附图表和附件3部分组成,文字报告(正文)应包括以下内容:

①前言

说明勘察工作任务,要解决的问题,采用方法,依据的技术标准及取得的成果。并应附地质附图及其他图表。

②通论

阐明工程地质条件、区域地质环境,论述重点在于阐明工程的可行性。通论在规划、初勘阶段中占有重要地位,随勘察阶段的深入,通论比重减少。

③专论

是报告书的中心,重点内容着重于工程地质问题的分析评价。对工程方案提出建设性论证意见,对地基改良提出合理措施。专论的深度和内容与勘察阶段有关。

④结论

在论证基础上,对各种具体问题作出简要、明确的回答。

3)报告应附的图表

为了确切地反映某一地区的工程地质勘察成果,单用文字叙述的方式是不够的,必须有图

件配合。边坡工程勘察报告应附必要的图表,主要包括:

①场地工程地质图(附勘察工程布置)。

②工程地质柱状图、剖面图或立体投影图。

③室内试验和原位测试成果图表。

④岩土利用、整治、改造方案的有关图表。

⑤岩土工程计算简图及计算成果图表。

工程地质图是工程地质工作全部成果的综合表达。它一般包括平面图、剖面图、切面图、柱状图及立体图,并附有岩土物理力学性质、水理性质等定量指标。

工程地质图可将某一工程地区内的工程地质条件和问题确切而直观地反映出来。其质量标志着编图者对工程地质问题的预测水平,将提供给规划、设计、施工和运行人员直接应用。它不仅对工程的布局、选址、设计及工程进展起到决定性的影响,还可为下一阶段的工程地质勘察工作的布置指出方向。

编制工程地质图的基础图件(地质图、地貌图、水文地质图等)的比例尺应等于或大于编图用比例尺。精度应符合精度标准。对图件中出现的各要素或分界线,应按其内容的重要性,作必要的合并、归纳和调整,突出重点。表示综合分区时:一级区颜色和花纹可使用主色(红、黄、绿);次级区由色调或深浅表示。按工程地质评价分区时:绿色表示(安全、稳定、良好);黄色表示(较差);红色表示(不安全、不稳定、危险)。

4)单项报告

除上述综合性岩土工程勘察报告外,也可根据任务要求提交单项报告。单项报告可附在综合性报告里面,也可单独存在。主要有:

①岩土工程测试报告。

②岩土工程检验或监测报告。

③岩土工程事故调查与分析报告。

④岩土利用、整治或改造方案报告。

⑤专门岩土工程问题的技术咨询报告。

需要指出的是,勘察报告的内容可根据岩土工程勘察等级酌情简化或加强。例如,对三级岩土工程勘察可适当简化,以图表为主,辅以必要的文字说明;而对一级岩土工程勘察除编写综合性勘察报告外,还可针对专门性的岩土工程问题,提交研究报告或监测报告。

项目小结

本项目主要介绍了边坡工程勘察的技术方法和技术要求要点。

边坡工程勘察是边坡稳定性评价的基础。

根据边坡工程安全等级和边坡地质环境复杂程度,边坡工程勘察等级可分为一级、二级、三级 3 个等级。边坡工程勘察阶段的划分主要参考岩土工程勘察阶段的划分,可分为可行性研究阶段、初步勘察阶段、详细勘察阶段及施工勘察阶段 4 个阶段,各阶段的勘察任务、手段和工作量不一样。

边坡工程勘察主要有工程地质测绘、勘探与取样、室内试验与原位测试等手段。边坡工勘察和岩土工程勘察具有相同的地方,但边坡工程勘察也有与其他工程的在勘察不同之处。

勘察成果整理包括工程地质测绘、勘探、测试、检验与监测等所获得的各项原始资料和数据,对这些数据资料进行岩土参数的分析与选定、岩土工程分析评价、反分析和编写勘察报告等工作是边坡工程勘察的核心任务。

通过本项目的学习,要求学生能熟练掌握边坡工程勘察的分级及勘察阶段的划分,边坡工程勘察的基本工作思路,各种不同勘察方法的适用性,以及不同勘察阶段的任务要求。以危岩崩塌为例,掌握边坡工程勘察工作的技术要点。

思考与练习

1. 工程地质测绘使用的地形图应是符合下列哪一选项的精度要求?(　　　)
   A. 小于地质测绘比例尺精度的地形图　　　　B. 小比例尺地形图
   C. 同等或大于地质测绘比例尺的地形图　　　D. 大比例尺地形图

2. 下列关于岩石吸水性的叙述,不正确的是(　　　)。
   A. 岩石吸水率是吸水质量与同体积岩石质量之比
   B. 岩石吸水率与孔隙度大小和孔隙张开程度有关
   C. 岩石吸水率是吸水质量与同体积干燥岩石质量之比
   D. 吸水率大的岩石受水的软化作用强

3. 下列有关变异系数的描述,错误的是(　　　)。
   A. 变异系数又称离散系数
   B. 变异系数越小,说明分布集中程度高
   C. 变异系数越大,说明均值对总体的代表性越好
   D. 变异系数适用于均值有较大差异的总体之间离散程度的比较

4. 用 n 表示检测次数,σ 表示标准偏差,$\bar{x}$ 表示平均值,则变异系数 δ 为(　　　)。
   A. $\dfrac{\sigma}{n}$ B. $\leqslant\dfrac{n}{\sigma}$ C. $\dfrac{\sigma}{x}$ D. $\dfrac{\bar{x}}{\sigma}$

5. 不属于表示数据离散程度的统计特征量是(　　　)。
   A. 标准偏差   B. 变异系数   C. 中位数   D. 极差

6. 正态分布函数的标准偏差越大,表示随机变量在(　　　)附近出现的密度越小。
   A. 总体平均数   B. 样本平均数   C. 总体中位数   D. 样本中位数

7. 边坡工程勘察报告中可不包括(　　　)。
   A. 提供验算边坡稳定性、变形和设计所需的计算参数
   B. 提出对潜在的不稳定边坡的整治措施和监测方案的建议
   C. 提出对边坡设计、施工注意事项的建议
   D. 提出当施工反馈资料与原勘察设计有较大差距时,进行修改设计的建议

8. 下述对建筑边坡勘察范围及勘探孔深度的要求中,不正确的是(　　　)。
   A. 土质边坡的勘察范围应包括不小于 1.5 倍土质边坡高度及可能对建筑物有潜在安全影响的区域

B. 控制性勘探孔深度应穿过最深潜在滑动面进入稳定层不小于 5.0 m

C. 控制性勘探孔深度进入坡脚地形剖面最低点和支护结构基底下不小于 3.0 m

D. 一般性勘探孔深度可取控制性孔深的 4/5

9. 对建筑边坡工程进行勘察时，下述不正确的是(　　)。

A. 一级建筑边坡应进行专门的岩土工程勘察

B. 二级、三级建筑边坡工程可与主体建筑勘察一并进行，但应满足边坡勘察的深度和要求

C. 大型和地质条件复杂的边坡宜分阶段勘察

D. 边坡工程均应进行施工勘察

10. 某岩质边坡岩体类型为 Ⅱ 类，边坡高度为 20 m，破坏后果严重，该边坡的安全等级应为(　　)。

A. 一级　　　　　　B. 二级　　　　　　C. 三级　　　　　　D. 四级

11. 岩质边坡勘察时，应采集试样进行物理力学性能试验。其中，进行岩石抗压强度试验时，试样数量应不小于(　　)。

A. 3 个　　　　　　B. 6 个　　　　　　C. 9 个　　　　　　C. 10 个

12. 下列(　　)不是边坡工程勘察应查明的内容。

A. 岩土类型、成因、性状、覆盖层厚度

B. 气象、水文和水文地质条件

C. 边坡坡高、坡底高程及平面尺寸

D. 不良地质现象的范围和性质

13. 边坡勘察报告中不包括(　　)。

A. 边坡工程的地质、水文地质条件

B. 边坡稳定性评价，整治措施及监测方案的建议

C. 地质纵、横断面图

D. 开挖不同阶段边坡坡体的变形值

14. 某土质边坡挖方坡脚标高 208.5 m，地表高程 221.5 m，预计潜在滑面最低标高 207.0 m；设计的重力式挡墙基底标高 206.5 m，该边坡勘察时的控制性钻孔孔深应为(　　)。

A. 14.5 m　　　　　B. 18 m　　　　　　C. 20 m　　　　　　D. 25m

15. 下列边坡工程中，(　　)的安全等级可不定位一级。

A. 由外倾结构面控制的边坡工程，破坏后果严重

B. 危岩地段的边坡工程，破坏后果严重

C. 滑坡地段的边坡工程，破坏后果严重

D. 边坡滑塌区内有重要建筑物，破坏后果不严重

16. 破坏后果严重的土质边坡高度为 12 m，其边坡工程安全等级应为(　　)。

A. 一级　　　　　　B. 二级　　　　　　C. 三级　　　　　　D. 不确定

17. 某边坡由较坚硬的砂岩和较软弱的泥岩组成，岩层单层厚度为 5~7 m；划分该边坡的岩体类型时，宜采用(　　)方法。

A. 宜按软弱泥岩划分边坡类型

B. 宜按砂岩划分边坡类型

C. 宜分段确定边坡类型

D. 宜综合泥岩和砂岩特征确定边坡类型

18.《建筑边坡工程技术规范》适用的建筑边坡高度为(　　　)。

    A. 岩质边坡 30 m 以下,土质边坡 15 m 以下

    B. 岩质边坡 30 m 以下,土质边坡 20 m 以下

    C. 岩质边坡 20 m 以下,土质边坡 15 m 以下

    D. 岩质边坡 20 m 以下,土质边坡 10 m 以下

19. 对安全等级为二级的边坡工程施工时,下列(　　　)可作为选测项目。

    A. 坡顶水平位移　　　　　　　　　　　B. 地表裂缝

    C. 支护结构水平位移　　　　　　　　　D. 降雨、洪水与时向的关系

20. 某边坡工程进行锚杆试验时,测得 3 根锚杆的极限承载力值分别为 18 kN,19 kN, 21 kN,则锚杆极限承载力标准值为(　　　)。

    A. 18 kN　　　　　B. 19 kN　　　　　C. 19.3 kN　　　　　D. 21 kN

21. 某边坡岩体结构面结合一般,结构面近于水平状,波速比为 0.80,该边坡岩体类型应划为(　　　)。

    A. Ⅰ类　　　　　B. Ⅱ类　　　　　C. Ⅲ类　　　　　D. Ⅳ类

22. 样本的(　　　)可用来表示数据的集中趋势。

    A. 极差　　　　　B. 均值　　　　　C. 标准差　　　　　D. 变异系数

    E. 中位数

23. 样本的(　　　)可用来表示数据的分散趋势。

    A. 极差　　　　　B. 均值　　　　　C. 标准差　　　　　D. 变异系数

    E. 中位数

24.《建筑边坡工程技术规范》(GB 50330—2013)规定,边坡工程勘察等级应根据_____和_____,可分为_____、_____、_____ 3 个等级。

25. 为了保障各种地质现象在地形图上表示的准确程度,岩土工程勘察规范指出测绘的地质界线和地质观测点的测绘精度,在图上不低于_____mm,在其他非重要地段的地质观测点的测绘精度可适当降低,但也不得超过_____mm。

26. 边坡工程勘察和岩土工程勘察有什么关系?

27. 如何确定边坡工程勘察等级?

28. 边坡工程勘察有哪些方法和手段?

29. 在岩土工程勘察成果报告中,应按什么情况提供岩土参数值?

30. 某场地进行岩土工程勘察取得 10 组土样,属于同一土层,其孔隙比及压缩系数的试验结果见表 3.18。

表3.18 试验结果

编号	1	2	3	4	5	6	7	8	9	10
孔隙比	0.987	0.826	0.809	0.893	0.912	0.945	0.930	0.911	0.906	0.889
压缩系数 /MPa	0.442	0.489	0.390	0.404	0.510	0.509	0.403	0.399	0.424	0.497

该土样孔隙比及压缩系数的标准值为( )。

    A. 0.928,0.478   B. 0.945,0.465

    C. 0.901,0.447   D. 0.972,0.473

31. 某民用建筑勘察工作中采得黏性土原状土样 16 组, 测得含水量平均值 $a_{1-2}=0.42$, 标准差为 0.06, 其标准值为( )。

    A. 0.423   B. 0.450   C. 0.476   D. 0.493

项目 4
边坡稳定性评价

学习内容

本项目主要介绍工程地质类比法、赤平投影法、平面滑动法、瑞典条分法、简化 Bishop 法及传递系数法等边坡稳定性评价方法，以及影响边坡岩土体稳定性的因素。

学习目标

1. 掌握工程地质类比法和赤平投影法。
2. 掌握边坡稳定性系数及边坡稳定安全系数的概念。
3. 掌握平面滑动法、瑞典条分法、简化 Bishop 法及传递系数法。
4. 了解滑带抗剪强度指标反分析法。
5. 了解边坡稳定性的影响因素。

边坡广泛分布于自然界中，包括由地壳运动所形成的自然边坡（如天然的山坡、沟谷岸坡等）和人类工程活动所形成的人工边坡（铁路公路路堑与路堤边坡、采矿边坡等）。边坡岩土体在重力、地下水压力、工程作用力及地震力等的作用下，坡体内的应力场将发生改变，造成局部的应力集中，当应力超过岩土体强度时，边坡将发生破坏失稳。

边坡岩土体的失稳通常会给人类的工程活动及生命财产造成巨大损失。例如，2004 年 9 月 5 日，重庆市万州天城开发区铁峰乡吉安村发生滑坡，摧毁了滑坡前缘的开县—云阳公路及有 280 年历史的民国场，导致 1182 间房屋垮塌，1250 人受灾，死亡 2 人，重伤 1 人，轻伤 4 人，直接经济损失 4 800 万元，间接经济损失超过 1 亿元（见图 4.1）；2009 年 6 月 5 日，重庆市武隆区铁矿乡鸡尾山山体发生大规模崩塌，崩塌体堆积物掩埋了 12 户民房和正在开采铁矿的矿井入口，造成 10 人死亡，64 人失踪，8 人受伤（见图 4.2）；2009 年 8 月 6 日，四川省雅安市汉源县顺河乡境内省道 306 线改线 K73 +50— +347 m 段公路内侧边坡发生高位崩滑灾害，造成 2 人死亡，29 人失踪，18 人受伤，直接经济损失 1.3 亿元；2015 年 6 月 24 日，重庆巫山县大宁河江东寺北岸红岩子滑坡，引发巨大涌浪，造成对岸靠泊的 17 艘船舶翻沉，致 2 人死亡，4 人受伤（见图 4.3）。

图 4.1　吉安滑坡全貌

图 4.2　重庆市武隆区鸡尾山崩塌　　　　图 4.3　重庆市巫山县红岩子滑坡

由此可知,边坡失稳造成的危害巨大,必须对其进行重点研究,以保障人民生命财产及工程建设活动的安全。对边坡进行有效的稳定性评价,是判断其是否处于稳定状态的重要方法,评价成果是判断对其是否需要进行加固治理的重要依据。

按《建筑边坡工程技术规范》(GB 50330—2013)规定,下列建筑边坡应进行稳定性评价:
①选作建筑场地的自然斜坡。
②由开挖或填筑形成,并需要进行稳定性验算的边坡。
③施工期出现新的不利因素的边坡。
④运行条件发生变化的边坡。

在进行边坡稳定性分析之前,应根据岩土工程地质条件对边坡的可能破坏方式及相应破坏方向、破坏范围、影响范围等作出判断。

边坡稳定性的评价方法主要有以下4类:工程地质类比法;赤平投影法;刚体极限平衡法;有限元、有限差分、离散元等数值模拟方法。其中,工程地质类比法与赤平投影法属于定性分析方法,刚体极限平衡法与数值模拟方法属于定量评价方法。一般情况下,应综合采用工程地质类比法和刚体极限平衡法进行稳定性评价。对结构复杂的岩质边坡,可配合采用赤平投影法进行分析。若边坡破坏机制复杂,应结合数值模拟方法进行分析。

任务4.1 工程地质类比法

工程地质类比法是地质学中常用的方法。它是把所要研究边坡的工程地质条件与众多的已被研究得比较清楚的边坡的工程地质条件进行对比,从中选择一个最相似的边坡,并把其经验应用到所要研究边坡的评价及设计中去的方法。工程地质类比时,需要全面分析工程地质条件和影响边坡稳定性的各种因素,比较它们的相似性与差异性。相似性越高,所得到的结果越可靠。

4.1.1 工程地质类比成果在规范中的应用

《建筑边坡工程技术规范》(GB 50330—2013)的岩质边坡的岩体分类表(见表4.1)中岩质直立边坡的自稳能力的确定,以及《滑坡崩塌泥石流灾害调查规范(1∶50 000)》(DZ/T 0261—2014)的斜坡稳定性野外判别依据(见表4.2)等规范均是工程地质类比法的应用。

表4.1 岩质边坡的岩体分类

边坡岩体类型	判定条件			
	岩体完整程度	结构面结合程度	结构面产状	直立边坡自稳能力
I	完整	结构面结合良好或一般	外倾结构面或外倾不同结构面的组合线倾角 >75°或 <27°	30 m 高的边坡长期稳定,偶有掉块
II	完整	结构面结合良好或一般	外倾结构面或外倾不同结构面的组合线倾角 27°~75°	15 m 高的边坡稳定,15~30 m 高的边坡欠稳定
	完整	结构面结合差	外倾结构面或外倾不同结构面的组合线倾角 >75°或 <27°	15 m 高的边坡稳定,15~30 m 高的边坡欠稳定
	较完整	结构面结合良好或一般	外倾结构面或外倾不同结构面的组合线的倾角 >75°或 <27°	边坡出现局部落块
III	完整	结构面结合差	外倾结构面或外倾不同结构面的组合线倾角 27°~75°	8 m 高的边坡稳定,15 m 高的边坡欠稳定
	较完整	结构面结合良好或一般	外倾结构面或外倾不同结构面的组合线倾角 27°~75°	8 m 高的边坡稳定,15 m 高的边坡欠稳定
	较完整	结构面结合差	外倾结构面或外倾不同结构面的组合线倾角 >75°或 <27°	8 m 高的边坡稳定,15 m 高的边坡欠稳定
	较破碎	结构面结合良好或一般	外倾结构面或外倾不同结构面的组合线倾角 >75°或 <27°	8 m 高的边坡稳定,15 m 高的边坡欠稳定
	较破碎(碎裂镶嵌)	结构面结合良好或一般	结构面无明显规律	8 m 高的边坡稳定,15 m 高的边坡欠稳定

续表

边坡岩体类型	判定条件			
	岩体完整程度	结构面结合程度	结构面产状	直立边坡自稳能力
Ⅳ	较完整	结构面结合差或很差	外倾结构面以层面为主,倾角多为27°~75°	8 m高的边坡不稳定
	较破碎	结构面结合一般或差	外倾结构面或外倾不同结构面的组合线倾角27°~75°	8 m高的边坡不稳定
	破碎或极破碎	碎块间结合很差	结构面无明显规律	8 m高的边坡不稳定

注:1. 结构面指原生结构面和构造结构面,不包括风化裂隙。

2. 外倾结构面系指倾向与坡向的夹角小于30°的结构面。

3. 不包括全风化基岩;全风化基岩可视为土体。

4. Ⅰ类岩体是软岩,应降为Ⅱ类岩体;Ⅰ类岩体是较软岩且边坡高度大于15 m时,可降为Ⅱ类。

5. 当地下水发育时,Ⅱ、Ⅲ类岩体可根据具体情况降低一档。

6. 强风化岩应划为Ⅳ类;完整的极软岩可划为Ⅲ类或Ⅳ类。

7. 当边坡岩体较完整、结构面结合差或很差、外倾结构面或外倾不同结构面的组合线倾角27°~75°,结构面贯通性差时,可划为Ⅲ类。

8. 当有贯通性较好的外倾结构面时应验算沿该结构面破坏的稳定性。

表4.2　斜坡稳定性野外判别依据

斜坡要素	稳定性差	稳定性较差	稳定性好
坡角	临空,坡度较陡且常处于地表径流的冲刷之下,有发展趋势,并有季节性泉水出露,岩土潮湿、饱水	临空,有间断季节性地表径流流经,岩土体较湿,斜坡坡度在30°~45°	斜坡较缓,临空高差小,无地表径流流经和继续变形的迹象,岩土体干燥
坡体	平均坡度>40°,坡面上有多条新发展的裂缝,其上建筑物、植被有新的变形迹象,裂隙发育或存在易滑软弱结构面	平均坡度在30°~40°,坡面上局部有小的裂缝,其上建筑物、植被无新的变形迹象,裂隙较发育或存在软弱结构面	平均坡度<30°,坡面上无裂缝发展,其上建筑物、植被没有新的变形迹象,裂隙不发育,不存在软弱结构面
坡肩	可见裂缝或明显位移迹象,有积水或存在积水地形	有小裂缝,无明显变形迹象,存在积水地形	无位移迹象,无积水,也不存在积水地形

4.1.2　自然斜坡类比法

工程地质类比时,可仅根据斜坡的形态对比判断边坡是否稳定,该方法称为自然斜坡类比法。

1）自然斜坡类比法的原理

自然斜坡类比法的原理如下:

①自然斜坡的外形受地质构造、岩性、气候条件、地下水赋存状况、坡向等因素影响。因重力因素的作用,故通常稳定的高边坡要比稳定的低边坡平缓。

②影响斜坡的重力、岩性、岩体结构构造、气候条件、坡向相同时,人工边坡较自然斜坡可维持较陡的坡度。

③研究表明,稳定的自然斜坡的高度和坡面投影长度存在关系。

$$H = aL^b$$

上式两边取对数,可得

$$\lg H = \lg a + b \lg L$$

式中 H——稳定自然斜坡的高度,m;

      L——自然斜坡坡面的投影长度,m;

      a,b——常数。

④将同一种斜坡调查所得的 H,L 值绘于双对数坐标纸上,可得到一条斜率为 b,截距为 $\lg a$ 的直线。对不同斜坡调查的结果所绘制的各直线具有会聚于一点的趋势。据经验,该会聚点 $H = 3\ 050$ m 和 $L = 22\ 800$ m(见图4.4)。

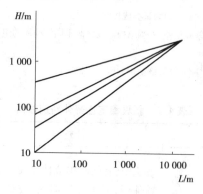

图4.4   斜坡坡高与坡面投影长度经验关系图

2)自然斜坡类比法的使用步骤

①在详细踏勘的基础上,从地形图上选取与设计的边坡在坡向、岩性、构造及地下水赋存状态等条件相同或相近的斜坡。

②将选出的斜坡划分成若干档次,在各段坡高的较陡区段量取其相应坡面的水平投影长度,进行筛选,找出该档次坡高的最小坡面投影长度。

③此坡高与其相应的最小坡面水平投影长度即为所获取的一对数据。如此进行,可获得对应不同档次坡高的一系列数对。

④将这些数对标在双对数坐标纸上,绘出曲线,参照和利用前述经验会聚点的位置($H = 3\ 050$ m,$L = 22\ 800$ m),由最高数据点附近曲线上的一点到经验会聚点连线,可用于估计更高的自然坡的稳定坡度。

4.1.3   工程地质类比法的应用实例

下面以锦屏一级水电站边坡分析为例,介绍工程地质类比法的实际应用。锦屏一级水电站位于四川省盐源县与木里藏族自治县交界处的雅砻江中游锦屏大河湾西侧峡谷河段上,其坝址处于普斯罗沟。普斯罗沟坝址左岸高陡边坡内部水平方向很大深度上发育了大量深部裂缝,水平深度 150 多 m,甚至可达 200 m。然而,在普斯罗沟坝址右岸及距离该坝址上游不远的三滩左右两岸均没有深部裂缝发育。

祁生文等采用工程地质类比的方法,通过对普斯罗沟、三滩边坡工程地质条件的详细对比(见表 4.3),指出河流下切、地壳上升及较高的构造应力是深部裂缝形成的区域地质前提,高陡的边坡是深部裂缝形成的必备形态条件,但仅有这些条件不一定会在边坡内部出现深部拉裂。普斯罗沟坝址左岸具有的厚层、坚硬大理岩的岩性条件,上软下硬、反倾向的岸坡结构,存在近似平行岸坡的结构面以及次生卸荷边界,是深部裂缝形成的物质基础,导致了边坡卸荷的进一步加深。普斯罗沟坝址左岸与三滩左岸边坡的变形力学机制相同,但它们的变形破坏形式却不相同,正是由于岩性条件和岸坡结构的差异导致的。

表 4.3　普斯罗沟、三滩边坡工程地质条件对比表

边　坡	普斯罗沟		三　滩	
	左岸	右岸	左岸	右岸
地形地貌	陡峻、上陡下缓	悬崖和平缓坡面相间	平缓	平缓
地层岩性	上部为砂板岩,下部为大理岩	大理岩	主要为中下部的砂板岩,上部有大理岩	砂板岩
地质构造	4 组裂隙,较大的断层 f_5、f_8 以及 X 岩脉	4 组裂隙	4 组裂隙	4 组裂隙
边坡结构	几何上为反倾向坡,物质上为上软下硬结构	几何上为顺向坡	几何上为反倾向坡,物质上为上硬下软结构	顺向坡
水文地质条件	较干燥	地下水丰富	较干燥	地下水丰富
边坡破坏形式	楔形体垮落、深部裂缝	顺层滑动	倾倒、楔形体垮落	顺层滑动

例 4.1　某砂岩地区自然斜坡调查结果表明,当自然边坡的高度在 10 m 左右时,其坡面投影长度均为 20 m,现在同一地段拟进行挖方施工,如挖方边坡高度为 20 m,按自然斜坡类比法,其坡度为(　　)。

A. 23°　　　　　　B. 30°　　　　　　C. 35°　　　　　　D. 40°

解　根据公式

$$\lg H = \lg a + b \lg L$$

当 $L = 20$ m 时,$H = 10$ m;当 $L = 22\,800$ m 时,$H = 3\,050$ m。因此,可得方程组

$$\begin{cases} \lg 10 = \lg a + b \lg 20 \\ \lg 3\,050 = \lg a + b \lg 22\,800 \end{cases}$$

解方程组得

$$a = 0.876\,3, b = 0.812\,7$$

因此

$$\lg H = \lg 0.876\,3 + 0.812\,7 \lg L$$

当 $H = 20$ m 时,根据上式可计算得到 $L = 46.9$ m。

因为边坡坡角 β 为

$$\beta = \arctan\left(\frac{H}{L}\right) = \arctan\left(\frac{20}{46.9}\right) = 23.1°$$

故边坡坡角宜为23.1°。因此,答案选 A。

任务4.2　赤平投影法

赤平投影法主要用来表示线和面的方位,相互间的角距关系及其运动轨迹,将物体三维空间的几何要素(线、面)反映在投影平面上进行研究处理。

对存在结构面的岩质边坡,结构面及临空面的空间组合关系往往控制了边坡的稳定性。利用赤平投影将岩体中的结构面和临空面投影到二维平面内,可方便、快捷地确定它们的组合关系,判断岩体滑动方向,初步确定稳定边坡角,从而进行岩体的稳定性评价。因此,赤平投影是岩质边坡稳定性分析中的一种重要方法。

4.2.1　赤平投影原理

1)投影要素

赤平投影的几何投影包括投影球、赤平面、基圆及极射点。

投影球是任意半径长度的空心圆球体,一般分为上下半球。

赤平面是过投影球心的水平面。

基圆是赤平面与投影球面的交线。

极射点是投影球上下两极的发射点。

2)投影原理

赤平投影分为上半球投影和下半球投影。

(1)上半球投影

上半球投影是指一切通过球心的面和线延伸至球面,在球面上形成大圆和点,以球的下极射点与上半球面上的大圆和点相连,将大圆和点投影到赤平面上的投影。

(2)下半球投影

下半球投影是指一切通过球心的面和线延伸至球面,在球面上形成大圆和点,以球的上极射点与下半球面上的大圆和点相连,将大圆和点投影到赤平面上的投影。

利用赤平投影进行边坡稳定性分析时,通常采用上半球投影。

3)平面的投影方法

如图4.5所示,一产状为205°∠25°的平面经过球心,且与上半球面相交为大圆弧 $ABCD$,以下半球极点 F 为极射点,$ABCD$ 弧在赤平面上的投影为 $AB'C'D$ 弧。投影圆弧的弦的方位角表示空间平面的走向,弧顶指向基圆圆心 O 的方位代表空间平面的倾向,弧顶距基圆的角距为空间平面的倾角。

4)直线的投影方法

如图4.6所示,一产状为150°∠25°的直线 AB 经过球心,且与上半球面相交于 A 点,以下半球极点 F 为极射点,A 点在赤平面上的投影为 A' 点。A' 点与基圆圆心 O 的连线 $A'O$ 指向圆

心 O 的方位代表直线 AB 的倾伏向, A' 点距基圆的角距为直线 AB 的倾伏角。

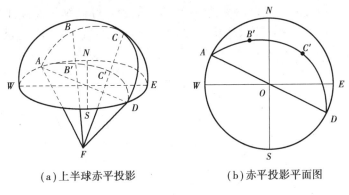

(a)上半球赤平投影　　　　(b)赤平投影平面图

图 4.5　平面的赤平投影

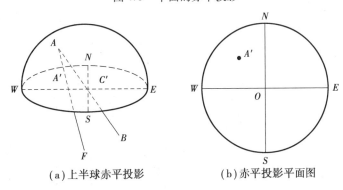

(a)上半球赤平投影　　　　(b)赤平投影平面图

图 4.6　直线的赤平投影

为了准确、迅速地作图或量取方位,可采用投影网。常用的有等角距网(吴尔福网)和等面积网(施密特网)。等角距网投影直接方便,但精度低于等面积网。

4.2.2　岩质边坡的赤平投影分析

1)单一结构面岩质边坡的赤平投影分析

结构面走向与边坡坡面走向相同的条件下,单一结构面岩质边坡的稳定性分为下列4种情况:

情况1:结构面倾向与坡面相同,且结构面的倾角 α 小于坡角 β,结构面将在临空面上出露,岩体易于滑动,边坡处于不稳定状态。在赤平投影上表现为:结构面与坡面的弯曲方向相同,但结构面的投影圆弧更靠近圆周,如图 4.7(a)所示。

情况2:结构面倾向与坡面相同,且结构面的倾角 α 等于坡角 β,沿结构面不易出现滑动现象,边坡处于基本稳定状态。在赤平投影上表现为:结构面与坡面的投影圆弧重合,如图 4.7(b)所示。

情况3:结构面倾向与坡面相同,且结构面的倾角 α 大于坡角 β,结构面与坡面在临空面上不会相交,边坡处于稳定状态。在赤平投影上表现为:结构面与坡面的弯曲方向相同,但坡面的投影圆弧更靠近圆周,如图 4.7(c)所示。

情况4:结构面倾向与坡面相反,结构面倾向坡内,岩体不会发生沿结构面滑动的破坏,边坡处于最稳定状态,但存在倾倒破坏的可能。在赤平投影上表现为:软弱结构面与坡面的弯曲方向相反,如图4.7(d)所示。

对结构面走向与边坡坡面走向斜交的情况,边坡的稳定性同结构面倾向与坡面坡向之间的夹角 γ 有关。若 $\gamma < 40°$,边坡不太稳定,如图4.7(e)所示;若 $\gamma > 40°$,边坡比较稳定,如图4.7(f)所示。

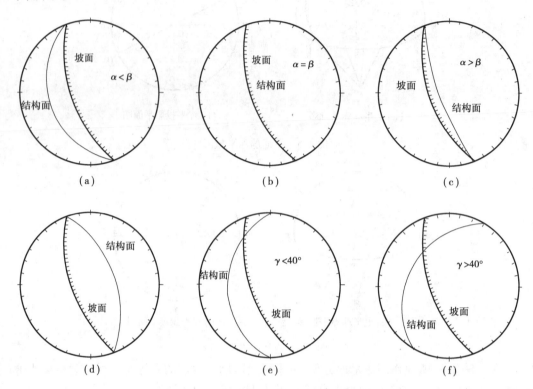

图4.7 单一结构面岩质边坡的赤平投影

2)两组结构面岩质边坡的赤平投影分析

具有两组结构面的岩质边坡,通常出现楔形滑动破坏,可根据两组结构面的交线与边坡坡面的关系,分为下列5种情况来分析边坡的稳定性:

情况1:结构面 J_1 与结构面 J_2 的交线的倾伏向与边坡的坡向相同,两组结构面交线的倾伏角小于开挖边坡面 S_c 的坡角,大于自然边坡面 S_n 的坡角,若两组结构面的交线在边坡面与坡顶面均有出露,则边坡处于不稳定状态。在赤平投影上表现为:结构面 J_1 与结构面 J_2 的投影圆弧的交点 I,位于开挖边坡面 S_c 的投影圆弧与自然边坡面 S_n 的投影圆弧之间,如图4.8(a)所示。

情况2:结构面 J_1 与结构面 J_2 的交线的倾伏向与边坡的坡向相同,两组结构面交线的倾伏角小于边坡面的坡角,但两组结构面的交线在坡顶面没有出露,则边坡处于较不稳定状态。在赤平投影上表现为:结构面 J_1 与结构面 J_2 的投影圆弧的交点 I,位于开挖边坡面投影圆弧与自然边坡面投影圆弧的外侧,如图4.8(b)所示。

情况3:结构面 J_1 与结构面 J_2 的交线的倾伏向与边坡的坡向相同,两组结构面交线的倾伏角等于开挖边坡面的坡角,则边坡处于基本稳定状态。在赤平投影上表现为:结构面 J_1 与结构面 J_2 的投影圆弧的交点 I,位于开挖边坡面投影圆弧上,如图4.8(c)所示。

情况 4:结构面 J_1 与结构面 J_2 的交线的倾伏向与边坡的坡向相同,两组结构面交线的倾伏角大于边坡面的坡角,则边坡处于稳定状态。在赤平投影上表现为:结构面 J_1 与结构面 J_2 的投影圆弧的交点 I,位于开挖边坡面投影圆弧与自然边坡面投影圆弧的内侧,如图 4.8(d)所示。

情况 5:结构面 J_1 与结构面 J_2 的交线的倾伏向与边坡的坡向相反,则边坡处于最稳定状态。在赤平投影上表现为:结构面 J_1 与结构面 J_2 的投影圆弧的交点 I,位于与开挖边坡投影圆弧相对的半圆内,如图 4.8(e)所示。

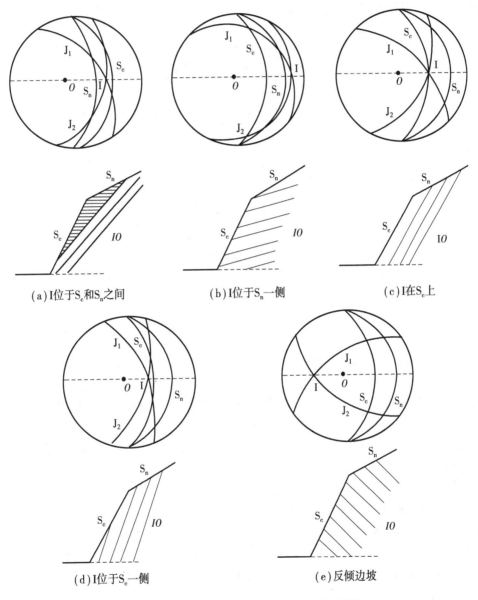

(a)I位于 S_c 和 S_n 之间　　　　(b)I位于 S_n 一侧　　　　(c)I在 S_c 上

(d)I位于 S_c 一侧　　　　　　　(e)反倾边坡

图 4.8　两组结构面岩质边坡的极射赤平投影

上述分析是在两组结构面交线的倾伏向与边坡的坡向位于同一条直线上时进行的,对不在同一条直线上的情况,也可按上述方法进行边坡的稳定性分析。

例4.2 某岩质边坡坡向为95°,坡度为60°,边坡岩体节理发育,岩体被切割成块状。岩层产状为70°∠30°(J₁),主要发育2组节理,产状分别为195°∠75°(J₂),305°∠65°(J₃),试对该边坡的稳定性进行分析。

解 将边坡坡面及3组结构面(J₁,J₂,J₃)作赤平投影,如图4.9所示。结构面J₁与结构面J₂交线倾向坡外,倾伏角小于坡角,J₁与J₂的切割体不稳定,容易发生滑动;结构面J₁与结构面J₃交线倾向坡外,倾伏角小于坡角,J₁与J₃的切割体不稳定,容易发生滑动;结构面J₂与J₃交线倾向坡内,J₂与J₃的切割体稳定。因此,边坡具有沿结构面J₁与结构面J₂的交线、J₁与J₃的交线产生滑移破坏的可能,稳定性较差。

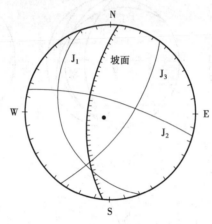

图4.9 赤平投影

任务4.3 刚体极限平衡法

刚体极限平衡法是将边坡视为刚体,按静力平衡原理分析其受力状态,通过抗滑力与下滑力之间的关系来评价边坡稳定性的方法。该方法不能对边坡体内的应力、应变分布进行分析,不能描述边坡屈服的产生、发展过程。但刚体极限平衡法应用简单,物理意义明确,是边坡稳定性计算的主要方法,在工程实践中应用广泛。

目前,工程中用到的刚体极限平衡法有瑞典条分法、简化 Bishop 法、Janbu 法、Morgenstern-Price 法、Spencer 法、Sarma 法、楔形体法、平面滑动法及传递系数法等。每种方法都有各自的假设条件和适用范围,但它们都有3个共同的前提:

①定义稳定性系数来反映边坡的稳定性。

②滑面的抗剪强度服从库仑定律。

③平面极限分析的基本单元是单位宽度的分块滑体。

本任务将对平面滑动法、瑞典条分法、简化 Bishop 法及传递系数法进行重点介绍。

4.3.1 边坡稳定性的判别标准

1)边坡稳定性系数

刚体极限平衡法中,采用稳定性系数来反映边坡的稳定程度,边坡稳定性系数常用 K(或

F_s)来表示。边坡稳定性系数有 3 种定义方法:

定义 1:边坡稳定性系数是指滑动面上的抗滑力(力矩)与滑动力(力矩)之比。

定义 2:边坡稳定性系数是指将岩土体沿某一滑面的抗剪强度指标降低为 c/K、$\tan \varphi/K$,岩土体刚好达到极限平衡状态时的折减系数 K 即为稳定性系数。

定义 3:边坡稳定性系数是指将边坡的荷载(主要是自重)乘以系数 K,使边坡达到极限平衡状态,此时的系数 K 即为稳定性系数。

由边坡稳定性系数的定义可知,稳定性系数 K 越大,边坡的稳定性越好;稳定性系数 K 越小,边坡的稳定性越差。当 $K>1$ 时,边坡处于稳定状态;当 $K=1$ 时,边坡处于临界状态;当 $K<1$ 时,边坡处于不稳定状态。

2)边坡稳定安全系数

在边坡的稳定性计算中,为保证设计的边坡处于稳定状态,应使边坡稳定性系数大于 1,但由于边坡含有许多不确定因素,工程上需要一定的安全储备,因此,规定一个大于 1 的数作为边坡稳定安全系数 F_{st}。当边坡稳定性系数大于或等于边坡稳定安全系时,边坡处于稳定状态;当边坡稳定性系数小于边坡稳定安全系数时,应对边坡进行处理。

目前,我国不同的边坡工程技术规范对边坡稳定安全系数的规定不同。

《建筑边坡工程技术规范》(GB 50330—2013)中将边坡稳定性状态分为稳定、基本稳定、欠稳定及不稳定 4 种状态,根据边坡稳定性系数按表 4.4 确定。其中,边坡稳定安全系数 F_{st},按表 4.5 确定。

表 4.4　边坡稳定性状态划分

边坡稳定性系数 F_s	$F_s<1.00$	$1.00 \leqslant F_s<1.05$	$1.05 \leqslant F_s<F_{st}$	$F_s \geqslant F_{st}$
边坡稳定性状态	不稳定	欠稳定	基本稳定	稳定

注:F_{st}—边坡稳定安全系数。

表 4.5　边坡稳定安全系数 F_{st}

边坡类型		边坡工程安全等级		
		一级	二级	三级
永久边坡	一般工况	1.35	1.30	1.25
	地震工况	1.15	1.10	1.05
临时边坡		1.25	1.20	1.15

注:1.地震工况时,安全系数仅适用于塌滑区内无重要建(构)筑物的边坡。

2.对地质条件很复杂或破坏后果极严重的边坡工程,其稳定安全系数应适当提高。

表 4.5 中的边坡工程安全等级根据边坡损坏后可能造成的破坏后果(危及人的生命、造成经济损失、产生社会不良影响)的严重性、边坡类型及坡高等因素进行分级,见表 4.6。

表4.6　边坡工程安全等级

边坡类型		边坡高度 H /m	破坏后果	安全等级
岩质边坡	岩体类型为 I 或 II 类	$H \leq 30$	很严重	一级
			严重	二级
			不严重	三级
	岩体类型为 III 或 IV 类	$15 < H \leq 30$	很严重	一级
			严重	二级
		$H \leq 15$	很严重	一级
			严重	二级
			不严重	三级
土质边坡		$10 < H \leq 15$	很严重	一级
			严重	二级
		$H \leq 10$	很严重	一级
			严重	二级
			不严重	三级

注:1.一个边坡工程的各段,可根据实际情况采用不同的安全等级。

　2.对危害性极严重、环境和地质条件复杂的特殊边坡工程,其安全等级应根据工程情况适当提高。

　3.很严重:造成重大人员伤亡或财产损失;严重:可能造成人员伤亡或财产损失;不严重:可能造成财产损失。

破坏后果很严重,严重的下列建筑边坡工程,其安全等级应定为一级:由外倾软弱结构面控制的边坡工程;工程滑坡地段的边坡工程;边坡塌滑区有重要建(构)筑物的边坡工程。

《岩土工程勘察规范(2009 年版)》(GB 50021—2001)中规定,边坡稳定性系数 F_s 的取值,对新设计的边坡、重要工程宜取 1.30 ~ 1.50,一般工程宜取 1.15 ~ 1.30,次要工程宜取 1.05 ~ 1.15。采用峰值强度时取最大值,采取残余强度时取最小值。验算已有边坡稳定时,F_s 取 1.10 ~ 1.25。

4.3.2　平面滑动法

边坡沿平面状结构面的发生滑动,应采用平面滑动法对其稳定性进行计算。平面滑动法主要适用于顺层岩质边坡、沿具平面状基岩面滑动的土质滑坡的稳定性分析。

假设一边坡(见图4.10),滑面为平面状,滑面倾角为 $\alpha(°)$,滑面长度为 $L(m)$。现对单位宽度滑体进行受力分析。滑体单位宽度质量为 $W(kN/m)$,滑面单位宽度受到的水压力为 $U(kN/m)$,滑体后缘陡倾裂隙面上单位宽度受到的水压力为 $V(kN/m)$,滑体单位宽度受到的水平荷载为 $Q(kN/m)$,滑面上单位宽度的切向反力 $T(kN/m)$,滑面上单位宽度的法向反力 $N(kN/m)$,则根据在滑面方向上的受力平衡有

$$T = W \sin \alpha + (V + Q) \cos \alpha \tag{4.1}$$

根据在垂直于滑面方向上的受力平衡,有

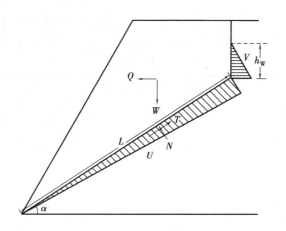

图 4.10　平面滑动边坡受力分析

$$N = W \cos \alpha - U - (V + Q) \sin \alpha \tag{4.2}$$

根据库仑定律,滑面上单位宽度的抗滑力 R 为

$$R = N \tan \phi + cL \tag{4.3}$$

式中　c——滑面的内聚力,kPa

　　ϕ——滑面的内摩擦角,(°)。

根据稳定性系数 K 的定义

$$K = \frac{R}{T} \tag{4.4}$$

将式(4.1)—式(4.3)代入式(4.4),可得

$$K = \frac{\left[W \cos \alpha - U - (V + Q) \sin \alpha \right] \tan \varphi + cL}{W \sin \alpha + (V + Q) \cos \alpha} \tag{4.5}$$

当滑体后缘陡倾裂隙充水高度为 h_w(m)时,滑体后缘陡倾裂隙水压力 V 和滑面水压力为 U 可分别表示为

$$V = \frac{1}{2} \gamma_w h_w^2 \tag{4.6}$$

$$U = \frac{1}{2} \gamma_w h_w L \tag{4.7}$$

式中　γ_w——水的重度,取为 10 kN/m^3。

式(4.5)为平面滑动面的边坡稳定性系数计算公式。《建筑边坡工程技术规范》(GB 50330—2013)即是采用该方法分析具有平面滑动面边坡的稳定性。

在地震基本烈度较高的地区进行边坡稳定性计算时,需要考虑地震的作用。《建筑边坡工程技术规范》(GB 50330— 2013)规定,边坡稳定性计算时,对基本烈度为 7 度及 7 度以上地区的永久性边坡应进行地震工况下边坡的稳定性校核;塌滑区内无重要建(构)筑物的边坡采用刚体极限平衡法和静力数值计算法计算稳定性时,滑体、条块或单元的地震作用可简化为一个作用于滑体、条块或单元重心处、指向坡外(滑动方向)的水平静力,其值可计算

$$Q_\theta = a_w G$$

$$Q_{\theta i} = a_w G_i$$

式中　Q_θ,$Q_{\theta i}$——滑体、第 i 计算条块或单元单位宽度地震力,kN/m;

G, G_i——滑体、第 i 计算条块或单元单位宽度自重[含坡顶建(构)筑物作用], kN/m;

a_W——边坡综合水平地震系数, 由所在地区地震基本烈度按表 4.7 确定。

表 4.7   水平地震系数

地震基本烈度	7 度		8 度		9 度
地震峰值加速度	0.10g	0.15g	0.20g	0.30g	0.40g
综合水平地震系数 a_W	0.025	0.038	0.050	0.075	0.100

4.3.3   瑞典条分法

瑞典条分法又称费伦纽斯法(Fellenius 法), 该方法首先在瑞典被采用, 故常称为瑞典条分法。《建筑边坡工程技术规范》(GB 50330—2002)规定的土质边坡和较大规模的碎裂结构岩质边坡宜采用圆弧滑动法计算中的圆弧滑动法即指的瑞典条分法。该方法适用于滑面为圆弧形的土质边坡及较大规模的碎裂结构岩质边坡的稳定性分析。瑞典条分法计算简单, 但计算结果过于安全而造成浪费,《建筑边坡工程技术规范》(GB 50330—2013)中已不再列入该方法。

1)基本原理

瑞典条分法是将土体视为刚性不变形体, 并假设滑面成圆弧形, 滑体沿滑面滑动, 相当于滑体沿圆弧绕圆心转动。由于滑面呈圆弧形, 各处的斜率不同, 滑面上各处土体的质量引起的垂直于滑面的法向应力不同, 使滑面上各处的抗剪强度不同。因此, 为了更为准确、方便地计算滑动面上各处的抗剪强度, 将滑动面上的滑体分成若干等宽的竖条, 在不考虑条块之间的相互作用的条件下, 计算各条块对滑动圆心的抗滑力矩与滑动力矩, 并求取抗滑力矩之和, 以及滑动力矩之和, 计算稳定性系数, 即瑞典条分法的基本原理。

2)计算公式

假设一沿圆弧形滑面滑动的边坡(见图 4.11), 其滑面为圆弧 AD, 圆心为 O, 半径为 $r(m)$。将滑体分割成等宽的竖条 n 块, 条块宽度一般取 $r/10$, 现对任一条块 i 进行分析。

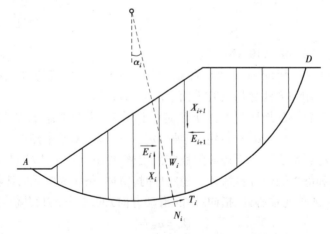

图 4.11   圆弧形滑面边坡稳定性分析的条分法

条块 i 上的作用力有重力 W_i(kN/m)、滑面上的法向反力 N_i(kN/m)、滑面上的切向反力

$T_i(\mathrm{kN/m})$、条块侧面的法向力 $E_i(\mathrm{kN/m})$、$E_{i+1}(\mathrm{kN/m})$，以及竖向剪切力 $X_i(\mathrm{kN/m})$，X_{i+1} $(\mathrm{kN/m})$。由于不考虑条块之间的相互作用，因此，条块两侧的 E_i，E_{i+1}，X_i，X_{i+1} 的合力为 0。

根据库仑定律，第 i 条块底面上的抗剪强度为

$$\tau_i = \sigma_i \tan \phi_i + c_i \tag{4.8}$$

则条块 i 底面上的抗滑力 R_i 为

$$R_i = N_i \tan \phi_i + c_i l_i \tag{4.9}$$

假设第 i 条块滑面上的法向反力 N_i、切向反力 T_i 均作用在第 i 条块滑面的中点，根据力的平衡条件，滑面上的法向反力 N_i、切向反力 T_i 分别为

$$N_i = W_i \cos \alpha_i \tag{4.10}$$

$$T_i = W_i \sin \alpha_i \tag{4.11}$$

式中　α_i——第 i 条块滑面倾角，$(°)$，当滑面倾向与滑动方向一致时，α_i 取正；当滑面倾向与滑动方向相反时，α_i 取负。

条块 i 上的作用力对圆心 O 产生的抗滑力矩 M_{ri} 及滑动力矩 M_{si} 为

$$M_{ri} = R_i r \tag{4.12}$$

$$M_{si} = T_i r \tag{4.13}$$

整个滑体的稳定性系数定义为总抗滑力矩与总滑动力矩之比，即

$$K = \frac{\displaystyle\sum_{i=1}^{n} M_{ri}}{\displaystyle\sum_{i=1}^{n} M_{si}} = \frac{\displaystyle\sum_{i=1}^{n} R_i}{\displaystyle\sum_{i=1}^{n} T_i} \tag{4.14}$$

因此，将式（4.9）—式（4.11）代入式（4.14），可得整个土坡的稳定性系数为

$$K = \frac{\displaystyle\sum_{i=1}^{n} (W_i \cos \alpha_i \tan \phi_i + c_i l_i)}{\displaystyle\sum_{i=1}^{n} W_i \sin \alpha_i} \tag{4.15}$$

当考虑滑体受到地表建筑物重力作用、地下动水压力作用时，滑面上的法向反力 N_i、切向反力 T_i 分别可表示为

$$N_i = (W_i + W_{bi}) \cos \alpha_i + P_{Wi} \sin(\theta_i - \alpha_i) \tag{4.16}$$

$$N_i = (W_i + W_{bi}) \sin \alpha_i + P_{Wi} \cos(\theta_i - \alpha_i) \tag{4.17}$$

将式（4.9）、式（4.16）、式（4.17）代入式（4.14），可得到考虑滑体受到地表建筑物重力作用、地下动水压力作用时的稳定性系数。

其中，c_i 为第 i 条块滑面上岩土体的内聚力，kPa；ϕ_i 为第 i 条块滑面上岩土体的内摩擦角，$(°)$；l_i 为第 i 条块滑面的弧长，m；W_i 为第 i 条块单位宽度岩土体质量，$\mathrm{kN/m}$；W_{bi} 为第 i 条块滑体地表建筑物的单位宽度岩质量，$\mathrm{kN/m}$；P_{Wi} 为第 i 条块单位宽度的动水压力，$\mathrm{kN/m}$；θ_i 为第 i 条块地下水位面倾角，$(°)$。

上述是在已知滑面条件下计算的稳定性系数 K，很多情况下，滑面的位置是未知的，这就需要试算很多个可能的滑面，求出稳定性系数 K 最小的滑面作为最危险滑面。可采用费伦纽斯提出的近似方法确定最危险滑面圆心位置。

3）费伦纽斯法确定最危险滑面圆心位置

若土体的内摩擦角 $\phi = 0°$，土坡的最危险圆弧滑面将通过坡脚。根据坡角 β，查表 4.8 得

到β_1和β_2角,过坡脚B点作与坡面成β_1角的直线BD,过坡顶C点作与水平面成β_2角的直线CD,直线BD与直线CD的交点D点,即为最危险圆弧滑面的圆心(见图4.12)。

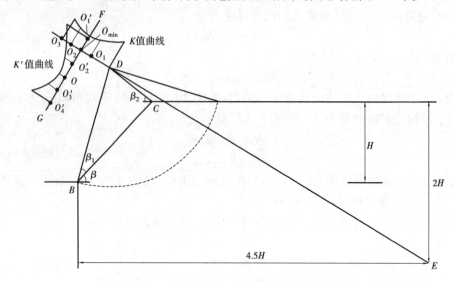

图4.12 确定最危险滑动面圆心的位置

若土的内摩擦角$\phi < 0°$,土坡的最危险圆弧滑面仍将通过坡脚,其圆心在ED的延长线上(见图4.12)。E点的位置距坡脚B点的竖直距离为H,水平距离为4.5H。内摩擦角值ϕ越大,圆心越向外移。计算时,从D点向外延伸任取n个圆心$O_1,O_2,\cdots,O_n$,分别计算其对应的稳定性系数$K_1,K_2,\cdots,K_n$,并绘制K值曲线,在曲线上找到K值最小值,即为直线ED上的最小稳定性系数K_{min},其所对应的圆心为直线ED上的最危险滑面的圆心O_{min}。然后,过O_{min}点作DE线的垂线FG,在FG上任取m个圆心$O_1',O_2',\cdots,O_m'$,分别计算其对应的稳定性系数$K_1',K_2',\cdots,K_m'$,并绘制K'值曲线,在曲线上找到K'值最小值,即为最小稳定性系数K_{min}',其所对应的圆心即为最危险滑面的圆心O。

表4.8 β_1 及 β_2 数值表

土坡坡度(竖直:水平)	坡角β	β_1	β_2
1:0.58	60°	29°	40°
1:1	45°	28°	37°
1:1.5	33°41′	26°	35°
1:2	26°34′	25°	35°
1:3	18°26′	25°	35°
1:4	14°02′	25°	37°
1:5	11°19′	25°	37°

4)计算步骤

瑞典条分法计算边坡稳定性系数的步骤如下:

①按比例绘制土体剖面图。

②根据土坡坡度,按表4.8中β_1,β_2,作图确定圆心 D。

③在距坡脚竖直距离 H 处作水平线,在距坡脚水平距离 $4.5H$ 处作竖直线,两直线的交点为 E 点,连接 ED。

④在 D 点附近直线 ED 的延长线上,任选一点为圆心 O,并以圆心 O 至坡脚的距离为半径作出滑面。

⑤将该滑面确定的滑体竖直分成若干等宽的条块,每条宽度一般取半径长的$1/10$。分条时,若过圆心的竖线穿过滑体,则以该竖线作为两个条块的侧边界,开始依次按条块宽度向左右两侧分出各条块;若过圆心的竖线没有穿过滑体,则从坡脚开始依次按条块宽度分出各条块。

⑥量取各条块中心高度、条块滑面长度,计算单位宽度岩土体质量。

⑦量取各条块滑面倾角 α_i,当滑面倾向与滑动方向一致时,α_i 取正;当滑面倾向与滑动方向相反时,α_i 取负。

⑧按式(4.15)计算稳定性系数 K。

⑨在 DE 的延长线上,D 点附近,任意取若干个点为圆心,分别按步骤④至⑧求出相应的稳定性系数 K,并在垂直 DE 直线的方向上绘处 K 值分布曲线。

⑩过 K 值分布曲线的最低点作 DE 直线的垂线。在该垂线上,且在垂足附近任意取若干个点为圆心,分别按步骤④至⑧求出相应的稳定性系数 K',并绘出 K' 值分布曲线。

⑪K' 值分布曲线上的最低点 K'_{min},即为土体的稳定性系数,其所对应的圆弧滑面为最危险滑面。

4.3.4 简化 Bishop 法

简化 Bishop 法是一种适用于滑动面呈圆弧形的边坡稳定性分析方法。该方法只忽略了条块间竖向剪切力,比不考虑条块之间相互作用的瑞典条分法更为合理。《建筑边坡工程技术规范》(GB 50330—2013)建议对滑动面呈圆弧形的边坡的稳定性分析采用简化 Bishop 法进行计算。

1)基本假设

①滑动面呈圆弧形。

②忽略条块两侧的竖向剪切力作用。

2)计算公式

假设一沿圆弧形滑面滑动的边坡(见图4.11),其滑面为圆弧 AD,圆心为 O,半径为$r(m)$。将滑体分割成等宽的竖条 n 块,条块宽度一般取 $r/10$,现对任一条块 i 进行分析。

条块 i 上的作用力有重力 $W_i(kN/m)$、滑面上的法向反力 $N_i(kN/m)$、滑面上的切向反力 $T_i(kN/m)$,条块侧面的法向力 $E_i(kN/m)$,$E_{i+1}(kN/m)$,以及竖向剪切力 $X_i(kN/m)$,$X_{i+1}(kN/m)$。

根据竖向力的平衡条件,则有

$$W_i - N_i\cos\alpha_i - T_i\sin X_i - X_i + X_{i+1} = 0 \tag{4.18}$$

其中,根据稳定性系数 K 的定义

$$T_i = \frac{N_i\tan\phi_i + c_i l_i}{K} \tag{4.19}$$

将式(4.19)代入式(4.18),得

$$N_i = \frac{W_i + X_{i+1} - X_i - \dfrac{c_i l_i \sin \alpha_i}{K}}{m_i} \qquad (4.20)$$

其中

$$m_i = \cos \alpha_i + \frac{\tan \phi_i \sin \alpha_i}{K} \qquad (4.21)$$

根据式(4.20)可知,当 m_i 很小时,将使 N_i 非常大,这与实际情况不符。根据一些学者的意见,当 $m_i \leq 0.2$ 时,不采用简化 Bishop 法计算边坡稳定性系数 K。

当土坡处于平衡状态时,各土条对圆心的力矩之和应为零,则有

$$\sum_{i=1}^{n} W_i r \sin \alpha_i = \sum_{i=1}^{n} T_i r \qquad (4.22)$$

将式(4.19)—式(4.21)代入式(4.22),得

$$K = \frac{\displaystyle\sum_{i=1}^{n} \dfrac{(W_i + X_{i+1} - X_i) \tan \phi_i + c_i l_i \cos \alpha_i}{\cos \alpha_i + \tan \phi_i \sin \dfrac{\alpha_i}{K}}}{\displaystyle\sum_{i=1}^{n} W_i \sin \alpha_i} \qquad (4.23)$$

式中,K,X_{i+1},X_i 是未知的,要求 K 需要作一些简化。Bishop 假设 $X_{i+1} - X_i = 0$,则式(4.23)可简化为

$$K = \frac{\displaystyle\sum_{i=1}^{n} \dfrac{W_i \tan \phi_i + c_i l_i \cos \alpha_i}{\cos \alpha_i + \tan \phi_i \sin \dfrac{\alpha_i}{K}}}{\displaystyle\sum_{i=1}^{n} W_i \sin \alpha_i} \qquad (4.24)$$

式中　α_i——第 i 条块滑面倾角,(°),当滑面倾向与滑动方向一致时,α_i 取正;当滑面倾向与滑动方向相反时,α_i 取负;

　　　c_i——第 i 条块滑面上岩土体的内聚力,kPa;

　　　ϕ_i——第 i 条块滑面上岩土体的内摩擦角,(°);

　　　l_i——第 i 条块滑面的弧长,m。

可采用迭代法对式(4.24)进行求解,即预先给定一个 K 值,代入式(4.24)右端计算出一个 K 值。若计算值与预先给定值不符,则以计算值作为预先给定值,代入式(4.24)右端计算出一个 K 值,如此反复迭代,直到给定 K 值与计算 K 值趋于相近为止。一般迭代 3~4 次就能达到精度要求。

最危险滑动面圆心位置可采用前文所述的费伦纽斯提出的近似方法确定。

4.3.5　传递系数法

传递系数法又称不平衡推力法,适用于滑动面呈折线形的沿岩土界面滑动的土质滑坡。

1)基本假设

传递系数法计算推力时,作以下简化假定:

①滑体不可压缩,且作整体下滑,不考虑条块之间挤压变形。

②滑面为折线。

③条块之间只存在推力作用,不存在拉力和条块两侧的摩擦力,当计算出条块间作用力为负值时,取条块间作用力为零。

④条块间作用力的作用线方向与前一块的滑面方向平行,且作用点在分界面中点。

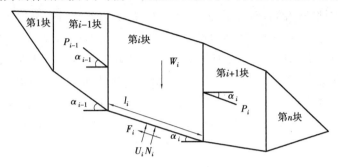

图4.13 传递系数法计算滑坡推力

2)计算公式

假设一沿折线形滑面滑动的边坡(见图4.13),以滑面各直线段交点为界,对滑体进行竖向条分,即每一直线段对应一个条块。各条块从滑坡后缘第一分条开始编号为1,以此增加。第 i 个条块滑面的长度为 l_i(m);倾角为 α_i(°);内聚力为 c_i(kPa);内摩擦角为 ϕ_i(°)。条块 i 上的作用力有重力 W_i(kN/m)、滑面上的法向反力 N_i(kN/m)、滑面单位宽度受到的水压力为 U(kN/m)、滑面上的切向反力 F_i(kN/m),条块两侧面的推力分别为 P_{i-1}(kN/m)和 P_i(kN/m)。

对第 i 条块,根据受力平衡,在第 i 个滑面平行滑面方向上的合力为零,即

$$W_i \sin \alpha_i + P_{i-1} \cos(\alpha_{i-1} - \alpha_i) - P_i - F_i = 0 \tag{4.25}$$

在第 i 个滑面垂直滑面方向上的合力为零,即

$$W_i \cos \alpha_i + P_{i-1} \sin(\alpha_{i-1} - \alpha_i) - U_i - N_i = 0 \tag{4.26}$$

其中,根据稳定性系数 K 的定义

$$F_i = \frac{N_i \tan \phi_i + c_i l_i}{K} \tag{4.27}$$

由式(4.25)—式(4.27),可得

$$P_i = W_i \sin \alpha_i - \frac{(W_i \cos \alpha_i - U_i) \tan \phi_i + c_l l_i}{K} + P_{i-1} \left[\cos(\alpha_{i-1} - \alpha_i) - \sin(\alpha_{i-1} - \alpha_i) \frac{\tan \phi_i}{K} \right]$$

$$\tag{4.28}$$

若令

$$R_i = (W_i \cos \alpha_i - U_i) \tan \phi_i + c_i l_i \tag{4.29}$$

$$T_i = W_i \sin \alpha_i \tag{4.30}$$

$$\lambda_{i-1} = \cos(\alpha_{i-1} - \alpha_i) - \sin(\alpha_{i-1} - \alpha_i) \frac{\tan \phi_i}{K} \tag{4.31}$$

则式(4.28)可写为

$$P_i = T_i - \frac{R_i}{K} + P_{i-1} \lambda_{i-1} \tag{4.32}$$

第一个条块上方不受到推力作用,因此, $P_0 = 0$。

根据式(4.32),如果已知稳定性系数 K,从第一个滑块开始向下依次进行,则可求出最后一个滑块的推力 P_n。若 $P_n > 0$,表明滑体不稳定;若 $P_n < 0$ 或 $P_n = 0$,表明滑体是稳定的。

注意：

①计算断面中逆坡的倾角取负值，顺坡的倾角取正值。

②计算中若某一块段的 P_i 为负值，则将 P_i 取值为零。

在边坡没有支挡防护的且处于稳定的情况下，最后一个滑块的推力应满足条件 $P_n = 0$。因此，$P_n = 0$ 时的 K 值，即为边坡的稳定性系数。利用式(4.32)不能显示地写出稳定性系数 K 的表达式，可采用试算法求解 K 值，即传递系数法的隐式解法。《建筑边坡工程技术规范》(GB 50330—2013)建议对具有折线形滑动面的滑坡采用传递系数法的隐式解法进行计算。

过去，为了显示地写出稳定性系数 K 的表达式，以便于计算，工程上常在下滑力前乘以一个大于1的系数 K，并将传递系数内的稳定性系数值假设为1，人为地将式(4.32)改写为

$$P_i = KT_i - R_i + P_{i-1}\lambda_{i-1} \tag{4.33}$$

其中，传递系数为

$$\lambda_{i-1} = \cos(\alpha_{i-1} - \alpha_i) - \sin(\alpha_{i-1} - \alpha_i)\tan\phi_i \tag{4.34}$$

注意：如果计算断面中有逆坡，在计算推力时，将不乘以系数 K。

根据最后一个滑块的推力 $P_n = 0$，利用式(4.33)，可求得稳定性系数 K 为

$$K = \frac{\sum_{i=1}^{n-1}\left(R_i\prod_{j=1}^{n-1}\lambda_j\right) + R_n}{\sum_{i=1}^{n-1}\left(T_i\prod_{j=1}^{n-1}\lambda_j\right) + T_n} \tag{4.35}$$

例如，当滑体一共分为4个条块时

$$K = \frac{R_1\lambda_1\lambda_2\lambda_3 + R_2\lambda_2\lambda_3 + R_3\lambda_3 + R_4}{T_1\lambda_1\lambda_2\lambda_3 + T_2\lambda_2\lambda_3 + T_3\lambda_3 + T_4}$$

利用式(4.33)、式(4.35)求解，即为传递系数法的显式解法。显式解法增加了误差，但简化了计算，是计算机不太普及的时候，经常采用的方法。在《建筑边坡工程技术规范》(GB 50330—2002)中，对具有折线形滑动面滑坡的稳定性计算，就是要求的采用显式解法。

注意，当相邻滑面的倾角变化超过 $10°$ 时，传递系数法计算存在较大的误差。因此，对倾角变化大的滑面，可用圆弧连接倾角突变的滑面节点，然后在圆弧上插点，形成系列倾角变化较小的新滑面来代替原有的滑面，从而减小计算误差。

例4.3　某一土层覆盖于基岩之上，岩土界面为折线形(见图4.13)。各分块质量和计算参数已知(见表4.9)，试利用传递系数法的隐式解法计算边坡稳定性系数，若边坡为永久边坡，边坡工程安全等级为二级，试评判一般工况下该边坡的稳定性，并计算稳定性系数 $K = 1.35$ 时的滑坡推力。

表4.9　滑体计算参数

块号	质量 $W_i/(\text{kN}\cdot\text{m}^{-1})$	倾角 $\alpha_i/(°)$	滑面长度 l_i/m	内聚力 c_i/kPa	内摩擦角 $\phi_i/(°)$
1	1 500	40	15	0	15
2	2 600	33	15	5	15
3	2 200	28	10	5	15
4	2 000	20	17	5	15
5	2 400	13	15	5	15

续表

块号	质量 $W_i/(\mathrm{kN \cdot m^{-1}})$	倾角 $\alpha_i/(°)$	滑面长度 l_i/m	内聚力 c_i/kPa	内摩擦角 $\phi_i/(°)$
6	2 800	7	15	5	15
7	2 300	−1	10	5	15
8	2 000	−6	17	5	15
9	2 100	2	5	5	15
10	2 000	7	12	5	15

解　求解时，可在 Microsoft Excel 软件内进行。

第 1 步：按式(4.29)计算各滑块的 R_i，得

$R_1 = W_1 \cos \alpha_1 \tan \phi_1 + c_1 l_1 = 1\ 500\ \mathrm{kN/m} \times \cos 40° \times \tan 15° + 0\ \mathrm{kPa} \times 15\ \mathrm{m} = 307.819\ \mathrm{kN/m}$

$R_2 = W_2 \cos \alpha_2 \tan \phi_2 + c_2 l_2 = 2\ 600\ \mathrm{kN/m} \times \cos 33° \times \tan 15° + 5\ \mathrm{kPa} \times 15\ \mathrm{m} = 659.075\ \mathrm{kN/m}$

类似地，计算出 $R_3 = 570.279\ \mathrm{kN/m}$，$R_4 = 588.345\ \mathrm{kN/m}$，$R_5 = 701.280\ \mathrm{kN/m}$，$R_6 = 819.276\ \mathrm{kN/m}$，$R_7 = 665.862\ \mathrm{kN/m}$，$R_8 = 617.683\ \mathrm{kN/m}$，$R_9 = 587.052\ \mathrm{kN/m}$，$R_{10} = 591.626\ \mathrm{kN/m}$。

第 2 步：按式(4.30)计算各滑块的 T_i，得

$$T_1 = W_1 \sin \alpha_1 = 1\ 500\ \mathrm{kN/m} \times \sin 40° = 963.775\ \mathrm{kN/m}$$

$$T_2 = W_2 \sin \alpha_2 = 2\ 600\ \mathrm{kN/m} \times \sin 33° = 1\ 415.425\ \mathrm{kN/m}$$

类似地，计算出 $T_3 = 1\ 032.356\ \mathrm{kN/m}$，$T_4 = 683.708\ \mathrm{kN/m}$，$T_5 = 539.614\ \mathrm{kN/m}$，$T_6 = 341.062\ \mathrm{kN/m}$，$T_7 = -40.120\ \mathrm{kN/m}$，$T_8 = -208.951\ \mathrm{kN/m}$，$T_9 = 73.252\ \mathrm{kN/m}$，$T_{10} = 243.616\ \mathrm{kN/m}$。

第 3 步：预先假定 $K = 1.20$，按式(4.31)计算各滑块的传递系数 λ_{i-1}

$$\lambda_1 = \cos(\alpha_1 - \alpha_2) - \sin(\alpha_1 - \alpha_2) \times \tan \phi_2 \div K$$
$$= \cos(40° - 33°) - \sin(40° - 33°) \times \tan 15° \div 1.20$$
$$= 0.965$$

$$\lambda_2 = \cos(\alpha_2 - \alpha_3) - \sin(\alpha_2 - \alpha_3) \times \tan \phi_3 \div K$$
$$= \cos(33° - 28°) - \sin(33° - 28°) \times \tan 15° \div 1.20$$
$$= 0.977$$

类似地，计算出 $\lambda_3 = 0.959$，$\lambda_4 = 0.965$，$\lambda_5 = 0.971$，$\lambda_6 = 0.959$，$\lambda_7 = 0.977$，$\lambda_8 = 1.021$，$\lambda_9 = 1.016$。

第 4 步：按式(4.32)计算各滑块的 P_i，得

$$P_1 = T_1 - R_1 \div K = 963.775\ \mathrm{kN/m} - 307.819\ \mathrm{kN/m} \div 1.20 = 707.3\ \mathrm{kN/m}$$

$$P_2 = T_2 - R_2 \div K + P_1 \times \lambda_1$$
$$= 1\ 415.425\ \mathrm{kN/m} - 659.075\ \mathrm{kN/m} \div 1.20 + 707.3\ \mathrm{kN/m} \times 0.965\ \mathrm{kN/m}$$
$$= 1\ 549.0\ \mathrm{kN/m}$$

类似地，计算出 $P_3 = 2\ 070.1\ \mathrm{kN/m}$，$P_4 = 2\ 179.1\ \mathrm{kN/m}$，$P_5 = 2\ 058.9\ \mathrm{kN/m}$，$P_6 = 1\ 657.9\ \mathrm{kN/m}$，$P_7 = 995.3\ \mathrm{kN/m}$，$P_8 = 248.5\ \mathrm{kN/m}$，$P_9 = -162.1\ \mathrm{kN/m}$。

由于 $P_9 < 0$，令 $P_9 = 0$，按式(4.32)计算 P_{10}，得

$$P_{10} = T_{10} - R_{10} \div K + P_9 \times \lambda_9 = 243.616\ \mathrm{kN/m} - 591.626\ \mathrm{kN/m} \div 1.20 + 0 \times 1.016 = -249.4\ \mathrm{kN/m}$$

由于最后一个滑块的推力 P_{10} 不等于 0，需要重新假定 K 值进行计算。令 $K = 1.25$，按上

述步骤重新计算,可得到最后一个滑块的推力 $P_{10} = -209.3$ kN/m。重新令 $K = 1.30$,计算得到最后一个滑块的推力 $P_{10} = -20$ kN/m。重新令 $K = 1.35$,计算得到最后一个滑块的推力 $P_{10} = 155.6$ kN/m。重新令 $K = 1.31$,计算得到最后一个滑块的推力 $P_{10} = 16.2$ kN/m。

根据 $K = 1.30$ 与 $K = 1.31$ 时计算得到的推力 P_{10} 拟合直线,得到直线方程:$P_{10} = 3\ 620K - 4\ 726$。当 $P_{10} = 0$ kN/m 时,解得 $K = 1.305\ 5$。然后令 $K = 1.305\ 5$,计算得到最后一个滑块的推力 $P_{10} = 0$ kN/m,说明该边坡的稳定性系数 $K = 1.305\ 5$。

根据《建筑边坡工程技术规范》(GB 50330—2013),边坡工程安全等级为二级的永久边坡,边坡稳定安全系数 $F_{st} = 1.3$,该边坡稳定性系数 $K = 1.305\ 5 > 1.3$,因此,边坡是稳定的。

当稳定性系数 $K = 1.35$ 时,计算滑坡推力得 $P_{10} = 155.6$ kN/m。

例 4.4　如图 4.14 所示为一滑坡体断面,各分块质量和计算参数已知(见表 4.10),后缘破裂壁内摩擦角 $\phi = 22.5°$,安全系数采用 1.15,拟修抗滑挡墙,试用显示传递系数法求墙后滑坡推力。

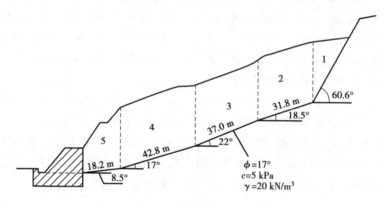

图 4.14　滑坡体断面

表 4.10　滑体计算参数

块号	质量 W_i/(kN·m⁻¹)	倾角 α_i/(°)	滑面长度 l_i/m	内聚力 c_i/kPa	内摩擦角 ϕ_i/(°)
1	480	66.6	—	0	22.5
2	4 910	18.5	31.8	5	17
3	6 650	22	37	5	17
4	6 600	17	42.8	5	17
5	3 180	8.5	18.2	5	17

解　采用显示传递系数法在 Microsoft Excel 软件里进行求解。其中,$R_i,T_i,\lambda_{i-1},P_i$ 的计算公式为

$$R_i = W_i \cos \alpha_i \tan \phi_i + c_i l_i$$
$$T_i = W_i \sin \alpha_i$$
$$\lambda_{i-1} = \cos(\alpha_{i-1} - \alpha_i) - \sin(\alpha_{i-1} - \alpha_i) \tan \phi_i$$
$$P_i = KT_i - R_i + P_{i-1}\lambda_{i-1}$$

计算结果见表4.11,最后一个滑块的推力为672.2 kN/m,大于零,必须设置支挡结构,使边坡稳定。

表4.11　计算结果

块号	W_i /(kN·m^{-1})	α_i /(°)	c_i /kPa	l_i/m	ϕ_i /(°)	K	R_i /(kN·m^{-1})	T_i /(kN·m^{-1})	λ_{i-1}	P_{i-1} /(kN·m^{-1})	P_i /(kN·m^{-1})
1	480	60.6	0	—	22.5	1.15	97.641	418.1	—	0.0	383.1
2	4 910	18.5	5	31.8	17	1.15	1 581.876	1 557.2	0.537	383.1	414.8
3	6 650	22	5	37	17	1.15	2 069.200	2 489.9	1.017	414.8	1 216.0
4	6 600	17	5	42.8	17	1.15	2 142.704	1 928.7	0.970	1 216.0	1 254.3
5	3 180	8.5	5	18.2	17	1.15	1 052.0381	469.8	0.944	1 254.3	672.2

任务4.4　滑带抗剪强度指标反分析法

滑带土的抗剪强度指标参数是滑坡稳定性评价的重要参数。确定岩土抗剪强度指标的主要方法有室内试验法、现场大型剪切试验法、反分析法及工程地质类比法。室内试验受取样尺寸、取样条件及取样随机性等的限制,其结果直接用来作为评价滑坡稳定性的参数具有较大的局限性。现场大型剪切试验也受加载过程难以控制、孔隙水压力不易测量等条件限制,难以得到滑坡精确的抗剪强度。反分析法将整个滑坡视为大型现场剪切试验,其计算结果能在一定程度上反映整个滑带的抗剪强度,是目前滑坡稳定性评价中确定抗剪强度指标的常用方法。

对已发生过的滑坡,考虑滑体发生滑动的瞬间,其稳定性处于极限平衡状态。因此,可根据滑坡体处于极限平衡状态时的极限平衡方程计算滑带土的抗剪强度指标 c,ϕ 值,该方法即为滑带抗剪强度指标反分析法。注意,反分析是在一定假设条件下进行的,其计算得到的参数并不一定是滑带的真实参数,它只有计算上的意义。

采用滑带抗剪强度指标反分析法时,应符合下列要求:

①反分析法采用的剖面为滑动后实测的主滑动面。

②对正在滑动的滑坡,其稳定性系数取0.95~1.00;对处于暂时稳定的滑坡,其稳定性系数取1.00~1.05。

③应根据抗剪强度的试验结果及经验数据,待定 c 或 ϕ,计算另一参数。

在滑坡反分析中,常采用单剖面反算或两剖面联立反算。

单剖面反算是指利用试验指标及滑坡实际情况确定一个较稳定的内聚力 c 或内摩擦角 ϕ 值,计算主滑线的实测剖面在极限平衡状态下的另一个抗剪强度指标 ϕ 或 c 值。

两剖面联立反算是指选择包括主滑线在内的两条平行展布的实测剖面,并认为两条剖面的 c,ϕ 值相近,通过联立两个剖面的极限平衡状态方程,计算滑面的 c 及 ϕ 值。两剖面联立反算的基本条件是两条剖面地质条件相似,以及滑坡运动状态和过程相似等。

任务 4.5　边坡稳定性的影响因素

影响边坡岩土体稳定性的因素很多。按是否与人类活动有关,可分为自然因素和人为因素。自然因素包括岩土性质、岩土结构、地质构造、地形地貌、地下水、地表水、风化作用及地震作用等;人为因素包括边坡开挖、堆载和人工爆破等。根据不同影响因素对边坡稳定性的影响程度,可分为主导因素与触发因素。主导因素是长期起作用的因素,包括岩土性质、岩土结构、地质构造、风化作用及地下水作用等;触发因素是临时起作用的因素,包括降雨、边坡开挖、堆载、人工爆破及地震等。

上述影响因素主要是通过以下 3 个方面来改变边坡的稳定性:

①改变边坡的外形,如人工开挖、填土和河流冲刷等。

②改变边坡岩土体的力学性质,如降雨入渗、风化作用降低岩土体的强度等。

③改变边坡内的应力状态,如地下水压力、地震作用和堆载等。

下面对主要的影响因素进行介绍。

4.5.1　自然因素

1)岩土体性质

岩土体性质主要是指岩土体的物理力学性质,不同类型的岩石,其性质不同,对边坡稳定性的影响也不同。

通常岩石的强度是较高的,但当其所含软弱矿物(云母、蒙脱石、高岭石、绿泥石及滑石等)含量较高时,其强度将会降低。因此,在砂泥(页)岩互层、灰岩与页岩互层等含有软岩(页岩、泥岩、泥灰岩、千枚岩及风化凝灰岩等)的地层中,常发生沿砂泥(页)岩界面、灰岩与页岩界面等软弱界面滑动的滑坡。例如,三峡库区发育的巨型、大型基岩顺层滑坡中,绝大部分就发育在侏罗系砂泥岩层、三叠系巴东组泥岩、泥灰岩、粉砂岩互层的地层中。

在坚硬岩体(灰岩、砂岩、花岗岩等)形成的高陡边坡中,竖直结构面发育,则易发生崩塌。

土质边坡的稳定性与土体的渗透性有密切关系。土体的渗透性越好,入渗的降雨越容易到达滑面,对边坡稳定性的影响越大。

2)岩土体结构

赋存于一定的地质环境之中的岩土体,被不同级别、类型的结构面(岩层面、节理、断层、不整合面及片理等)所分割,这些结构面的性质、产状、密度及规模等均对岩土体的稳定性有重要影响。

通常边坡内的软弱结构面与边坡坡向近于一致,且软弱结构面倾角小于坡角时,容易发生滑坡,如图 4.15(a)所示;边坡内的软弱结构面与边坡坡向近于一致,且软弱结构面倾角大于坡角时,边坡稳定,如图 4.15(b)所示;边坡内的软弱结构面与边坡坡向相反,此类边坡最为稳定,发生滑坡的可能性很小,但有时会发生崩塌,如图 4.15(c)所示。

3)地表水

地表水对边坡稳定性的影响,主要以河流的深切与侧蚀作用的影响最为显著。侵蚀基准面的降低,或新构造运动导致的区域性抬升,所产生的河流底蚀作用将使岸坡变得高陡,并不

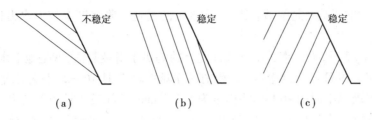

图 4.15 边坡稳定性与软弱结构面关系

断切露倾向河道的软弱结构面,使边坡的稳定性降低。类似地,河流弯道处的离心力及科里奥利力的作用,所产生的河流侧蚀作用将使河流凹岸变陡,一旦倾向河道的软弱结构面被切露,边坡失稳的可能性将增大。

4)地下水

地下水对边坡稳定性的影响十分显著,主要表现在以下方面:

(1)软化作用

软化作用主要表现为岩体遇水后其强度降低的作用。当边坡岩体中含有较多的亲水性强或易溶矿物时,浸水后岩体容易软化、泥化,使其抗剪强度减小,导致边坡稳定性降低。一般黏土岩、泥质胶结的砂岩、泥灰岩等具有较强的软化性。

(2)静水压力作用

边坡体内影响边坡稳定性的静水压力主要有以下两类(见图4.16):

①边坡内陡倾裂隙中充水形成的静水压力

强降雨或库水位变化等原因引起的地下水位上升,使边坡内陡倾裂隙充水,则裂隙面将受到静水压力作用,从而增大边坡岩体向临空面的下滑动力,降低边坡的稳定性。陡倾裂隙内水柱高度越高,所形成的静水压力就越大,对边坡稳定性的影响越大。

②滑动面处充水形成的静水压力

在滑动面被地下水浸没的条件下,滑体底部将受到静水压力作用,降低滑动面上的有效应力,从而减小其抗剪强度,使边坡的稳定性降低。滑动面之上地下水位越高,所形成的静水压力就越大,对边坡稳定性的影响越大。

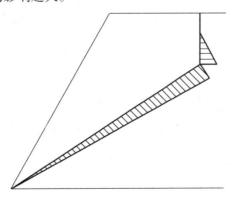

图 4.16 边坡体内的静水压力作用

(3)动水压力作用

边坡岩土体为透水介质时,由于水力梯度的作用,地下水在边坡体内发生渗流,将对边坡产生方向与渗流方向一致的动水压力作用,使边坡稳定性降低。水力梯度越大,动水压力就越大,对边坡稳定性的影响就越显著。因此,库水位的迅速下降将产生较大水力梯度,导致滑坡发生。

1982 年 7 月 17 日,重庆市云阳县长江北岸的鸡扒子滑坡复活,就是地下水作用导致滑坡发生的典型案例。1982 年 7 月中旬,云阳地区连降暴雨,7 月 16—23 日降雨量为 473.0 mm,从降雨开始至滑坡剧滑时的 46 h 内降雨量为 331.3 mm,其间最大时降雨量达 38.8 mm。一方面,降雨入渗滑体,使滑面饱水,强度降低;另一方面,降雨入渗使地下水位较枯水期升高了 10~30 m,平均水力梯度达到 0.19,形成了较高的静水压力与动水压力。这两方面作用使坡体稳定性显著降低导致滑坡复活。

前文已述及土体渗透性及地下水对边坡稳定性均有重要影响,现对一沿岩土接触面滑动的堆积层滑坡模型(见图 4.17)进行的 8 种条件下(表 4.12,试验 M5,M6,M7,M8 土体的渗透系数总体较试验 M1,M2,M3,M4 的大)的降雨入渗数值模拟试验的分析成果,进一步说明土体渗透性及降雨强度对堆积层滑坡稳定性影响。研究成果表明(见图 4.18—图 4.20):

①堆积层滑坡的稳定性与土体的渗透性有密切关系,在降雨后的短期内,土体渗透性越好,滑面孔隙水压力升高越明显,滑坡的稳定性降低程度越大。

②降雨期间,埋深较浅的滑面,入渗雨水能够较快到达,对滑坡稳定性的影响较大。

③在相同的降雨时间内,降雨强度越大,滑坡稳定性降低速率越快。

④降雨强度影响着滑坡发生的滞后性,在降雨总量一定的条件下,若降雨强度较大,雨停后,滑坡稳定性继续下降的程度较大。

⑤降雨总量控制着滑坡的最终稳定性,在降雨总量一定的条件下,尽管降雨强度不同,雨停后经过一段时间,滑坡稳定性系数均将趋于相近。

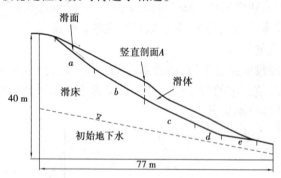

图 4.17 滑坡剖面模型

表 4.12 降雨入渗模拟试验基本参数

模拟试验编号	降雨总量 /mm	降雨强度 /(mm·d⁻¹)	入渗系数 /%	降雨时长 /d	雨停后模拟时长 /d
M1	0	0	—	0	9
M2	100	20	70	5	4
M3	100	50	70	2	7
M4	100	100	70	1	8

模拟试验编号	降雨总量 /mm	降雨强度 /(mm·d⁻¹)	入渗系数 /%	降雨时长 /d	雨停后模拟时长 /d
M5	0	0	—	0	9
M6	100	20	70	5	4
M7	100	50	70	2	7
M8	100	100	70	1	8

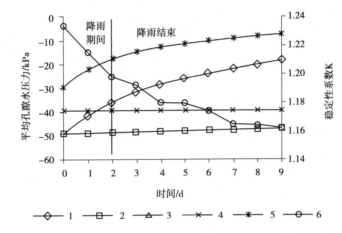

图 4.18　试验 M3 滑面孔隙水压力与滑坡稳定性随时间变化曲线

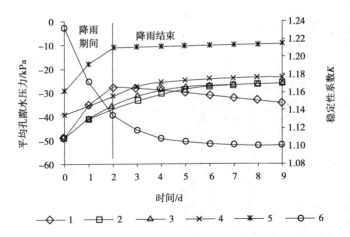

图 4.19　试验 M7 滑面孔隙水压力与滑坡稳定性随时间变化曲线

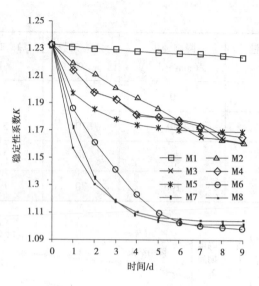

图 4.20　滑坡稳定性随时间变化曲线

5) 地震

地震波传播的过程中,地震力的作用会使边坡的稳定性受到影响。该影响表现为变形累积效应和失稳触发效应。

变形累积效应是指频繁的小震使边坡岩体结构不断松动,造成结构面产生累积错动,最终导致边坡失去稳定。

图 4.21　大光包滑坡航片图

失稳触发效应的表现形式较多,一般与强震有关。例如,2008 年 5 月 12 日,四川汶川 8.0 级地震,触发的地质灾害和各类崩塌滑坡总数在 5 万处以上,其中触发的位于绵竹市安县的大光包滑坡(见图 4.21)的体积达 7.42 亿 m³,是世界范围内近 100 年来罕见的巨型滑坡之一。黄润秋等通过对大光包滑坡形成机制的研究表明,在强震过程中,靠近发震断层的强烈垂向地震动,导致坡体沿相对软弱的层间错动带分离,并产生垂向振冲或夯击效应,导致层间错动带进一步碎裂化,使滑带的摩阻力降低,同时,碎裂过程中伴随的扩容效应,使地下水强力挤入扩容空间,导致孔隙水压力激增,滑带抗剪强度急剧降低,从而促使滑坡骤然启动,产生高速滑动。

4.5.2　人为因素

1)地表开挖

地表开挖对边坡稳定性的影响主要表现在两个方面:一方面,开挖改变了边坡形态,使边坡坡高、坡度增加,应力场发生变化,导致边坡稳定性降低;另一方面,开挖使潜在不稳定的边坡临空,揭露了倾向坡外的软弱结构面,导致边坡稳定性降低。

2013年4月4日,重庆市万州区荆竹屋基发生滑坡(见图4.22),造成61间房屋倒塌,约400 m村级公路损毁。该滑坡就是由于滑坡前缘不合理采石活动形成的。荆竹屋基滑坡前缘孙家—梁平公路内侧顺坡分布有两处采石形成的采空区,切坡高度均在23 m左右,边坡坡角在70°以上,且两个采区均将砂岩下部深灰色页岩夹层揭露临空,导致滑坡发生。

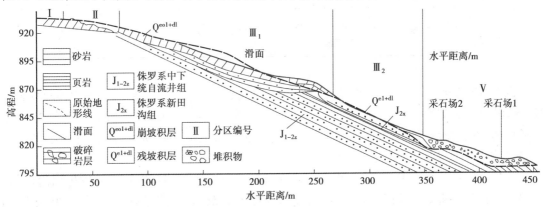

图 4.22　荆竹屋基滑坡发生前后剖面图

2)地下开挖

地下开挖对边坡稳定性的影响较大,尤其是地下采矿活动诱发的山体崩滑对人类活动带来了重大影响,见表4.13。地下采矿活动改变了坡体内部的应力场,使上覆岩层及地表发生变形、位移,并引起"悬臂效应"或顶板冒落,诱发平行于陡崖走向的深大裂隙产生,裂隙与边坡的控制性结构面组合,易将岩体切割成潜在崩滑块体。

表 4.13　山体开裂崩滑与地下采矿的关系

序号	地 点	发生(现)时间	状 态	山顶距采空区距离/m	山顶开裂深度/m	地层岩性	备注
1	湖北黄石板岩山	1949	危岩体,已治理	200	150	二叠/三叠纪石灰岩	煤矿
2	湖北秭归链子崖	1964	危岩体,已治理	148	148	二叠纪石灰岩	煤矿
3	湖北远安盐池河	1980-06-03	崩塌,284人死亡	300	130	震旦纪白云岩	磷矿
4	重庆巫溪中阳村	1988-01-10	崩滑,26人死亡/失踪	280	150	二叠/三叠纪石灰岩	煤矿

续表

序号	地 点	发生(现)时间	状 态	山顶距采空区距离/m	山顶开裂深度/m	地层岩性	备注
5	重庆武隆鸡冠岭	1994-04-30	崩滑堵江,人员撤出	270	120	二叠纪石灰岩	煤矿
6	陕西韩城坑口电厂	1982	山体滑移,已治理	250	55	二叠纪石灰岩	煤矿
7	贵州盘县朝阳村	2001-06	危岩体,人员撤离	350	200	二叠/三叠纪石灰岩	煤矿
8	重庆武隆鸡尾山	2009-06-05	崩塌,74人死亡/失踪	210	60	二叠纪石灰岩	铁矿

例如,1980年6月3日,湖北宜昌盐池河磷矿区发生大规模山体崩塌,崩塌山体总体积约 $100 \times 10^4 \ m^3$,摧毁并埋没了该矿整个工业广场及民用建筑物,造成284人死亡。据调查,地下磷矿层的开挖,使地表垂直裂缝逐渐扩展至崩塌山体底部的滑动面,形成不稳定块体。地下开采是导致此次大规模滑坡的主要原因。

又如,1994年4月30日,位于重庆市武隆县乌江下游边滩峡左岸鸡冠岭发生崩滑(见图4.23),崩滑岩体摧毁了武隆县兴隆煤矿,残体滑入乌江,砸毁、砸沉船只5艘,伤亡20余人,造成直接经济损失988万元。据调查,崩塌发生前,兴隆煤矿于1994年2月发现水池开裂漏水,3月发现风井平硐拱圈开裂,4月26日矿井内裂缝增大,出现险情。兴隆煤矿地下采空加速了鸡冠岭上覆岩层弯曲变形,岩层节理裂隙扩张,上覆岩层出现"悬臂效应"。因此,煤矿开采是此次崩塌的主要诱发因素。

再如,前文提到的2009年6月发生的重庆市武隆县鸡尾山崩塌(见图4.2、图4.24),鸡尾山地形上的高陡临空,位于鸡尾山坡体前缘的地下铁矿大面积采空,形成的"悬臂效应"是山体崩塌的主要原因。

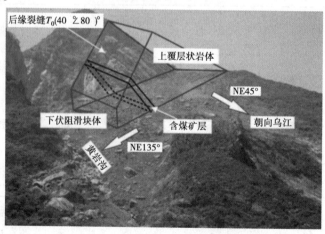

图4.23 鸡冠岭滑坡地质结构模型图

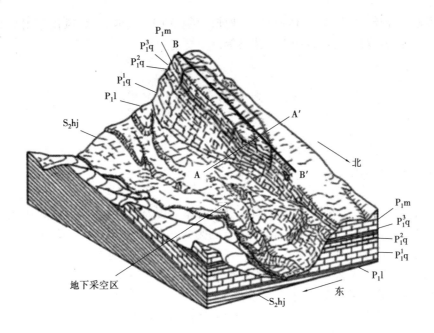

图 4.24 鸡尾山崩塌体素描图

项目小结

边坡稳定性的评价方法主要有 4 类:工程地质类比法;赤平投影法;刚体极限平衡法;有限元、有限差分、离散元等数值模拟方法。其中,工程地质类比法与赤平投影法属于定性分析方法,刚体极限平衡法与数值模拟方法属于定量评价方法。

工程地质类比法是地质学中常用的方法,是把所要研究边坡的工程地质条件与众多的已被研究得比较清楚的边坡的工程地质条件进行对比,从中选择一个最相似的边坡,并把其经验应用到所要研究边坡的评价及设计中去的方法。工程地质类比时,还可仅根据斜坡的形态对比判断边坡是否稳定,该方法称为自然斜坡类比法。

赤平投影法是岩质边坡稳定性分析中的一种重要方法。对存在结构面的岩质边坡,结构面及临空面的空间组合关系往往控制了边坡的稳定性。利用赤平投影将岩体中的结构面和临空面投影到二维平面内,可方便、快捷地进行岩体的稳定性评价。

刚体极限平衡法是将边坡视为刚体,按静力平衡原理分析其受力状态,通过抗滑力与下滑力之间的关系来评价边坡稳定性的方法。其中,平面滑动法主要适用于顺层岩质边坡、沿具平面状基岩面滑动的土质滑坡的稳定性分析;瑞典条分法适用于滑面为圆弧形的土质边坡及较大规模的碎裂结构岩质边坡的稳定性分析;简化 Bishop 法是一种适用于滑动面呈圆弧形的边坡稳定性分析方法,该方法只忽略了条块间竖向剪切力,比不考虑条块之间相互作用的瑞典条分法更为合理;传递系数法适用于滑动面呈折线形的沿岩土界面滑动的土质滑坡。

滑带抗剪强度指标反分析法将整个滑坡视为大型现场剪切试验,其计算结果能在一定程度上反映整个滑带的抗剪强度,是目前滑坡稳定性评价中确定抗剪强度指标的常用方法。

影响边坡岩土体稳定性的因素按是否与人类活动有关,可分为自然因素和人为因素。自然因素包括岩土性质、岩土结构、地质构造、地形地貌、地下水、地表水、风化作用及地震作用等;人为因素包括边坡开挖、堆载和人工爆破等。

思考与练习

1. 影响边坡稳定性的因素有哪些?

2. 为何滑坡多发生在雨季?

3. 边坡稳定性分析方法有哪些?

4. 某岩质边坡坡向为 275°,坡度为 60°,边坡岩体节理发育,岩体被切割成块状。岩层产状为 35°∠30°(J_1),主要发育 2 组节理,产状分别为 52°∠63°(J_2),205°∠25°(J_3),试用赤平投影法对该边坡的稳定性进行分析。

5. 试述边坡稳定性系数及边坡稳定安全系数的意义。

6. 土坡中最危险的滑动面是指(   )。

    A. 滑动力最大的面   B. 抗滑力最小的面

    C. 滑动路径最短的面   D. 稳定性系数最小的面

7. 当土坡处于稳定状态时,其稳定性系数值应(   )。

    A. 大于 1   B. 等于 1   C. 小于 1   D. 不等于 1

8. 简述圆弧形最危险滑面的确定方法。

9. 瑞典条分法与简化 Bishop 法的求解前提分别是什么?

10. 简述黏性土坡稳定性分析中条分法的基本原理。

11. 对瑞典条分法与简化 Bishop 法的异同进行比较。

12. 简述平面滑动法的基本原理及计算步骤。

13. 简述简化 Bishop 法的基本原理及计算步骤。

14. 简述传递系数法的基本原理及计算步骤。

15. 已知某土坡高度为 6 m,坡角为 55°,土的重度为 18.6 kN/m³,土的内摩擦角为 12°,内聚力为 16.7 kPa。试用简化 Bishop 法计算土坡的稳定性系数。

16. 某一土层覆盖于基岩之上,岩土界面为折线形(见图 4.13)。各分块质量和计算参数已知(见表 4.14),试利用传递系数法的隐式解法计算边坡稳定性系数,若边坡为永久边坡,边坡工程安全等级为一级,试评判一般工况下该边坡的稳定性,并计算稳定性系数 $K = 1.30$ 时的滑坡推力。

表 4.14 滑体计算参数

块号	质量 W_i /(kN·m^{-1})	倾角 α_i /(°)	滑面长度 l_i /m	内聚力 c_i /kPa	内摩擦角 ϕ_i /(°)
1	1 600	42	15	0	20
2	2 300	33	15	7	15
3	2 500	23	10	5	13

续表

块号	质量 W_i /(kN·m^{-1})	倾角 α_i /(°)	滑面长度 l_i /m	内聚力 c_i /kPa	内摩擦角 ϕ_i /(°)
4	2 000	15	17	8	19
5	2 500	6	5	10	20
6	2 200	−3	10	8	17
7	2 000	5	12	7	15

项目 **5**
边坡工程防治技术设计

学习内容

本项目主要介绍边坡坡率与形状设计、重力挡墙设计、锚杆(索)设计,并对扶壁式挡墙设计、加筋技术、加筋挡土墙及岩石锚喷支护设计作简要介绍。

学习目标

1. 熟练掌握边坡工程防治技术的基本原则。
2. 熟练掌握边坡坡率与坡形设计的技术要点。
3. 熟练掌握重力式挡土墙的适用范围、特点和设计计算等技术要点。
4. 熟练掌握悬臂式挡墙和扶壁式挡墙的特点、适用范围和构造等技术要点。
5. 熟练掌握锚杆(索)设计的特点、适用范围和设计计算等技术要点。
6. 熟练掌握加筋技术和加筋土挡墙设计的技术要点。
7. 熟练掌握岩石锚喷技术的适用范围和设计技术要点。
8. 熟练掌握边坡工程各种支护形式的相同点和异同点。

任务 5.1 边坡工程防治技术设计基本原则

5.1.1 边坡工程防治技术设计的基本资料

边坡工程设计一般是在边坡勘察及稳定性评价基础上进行的。建筑边坡工程设计时,应取得下列资料:

1)工程用地红线图,建筑平面布置总图,相邻建筑的平、立、剖面图等

边坡工程设计应与拟建工程相适应,且不能影响已有工程的使用功能和安全稳定。因此,在设计前,应收集相关工程的平面布置总图、相邻建筑物的纵断面及横断面图和基础图等。对公路边坡工程,还应收集路基设计表和路线平、纵、横断面设计资料;对水工边坡,则应收集大坝、船闸等相关工程的有关资料。

2）场地和边坡勘察资料

主要收集工程地质和水文地质勘察资料,如工程地质勘察报告、环境地质评价报告和地质灾害评估报告等。

边坡设计时,应查阅《中国地震动参数区划图》(GB 18306—2015),地震烈度<6度时,可不考虑地震荷载;地震烈度≥6度时,应计算地震荷载的影响。

3）边坡环境资料

边坡工程设计应考虑其对周边环境的影响,需要保护与美化环境。因此,在边坡设计前,必须收集与边坡工程有关的环境资料。

4）施工条件、施工技术、设备性能及施工经验等资料

边坡工程应根据其安全等级、边坡环境、工程地质及水文地质等条件编制施工方案,采取合理、可行、有效的措施保证施工安全。施工前,应收集施工条件、施工技术、设备性能及同类边坡工程的施工经验等资料。

5）有条件时宜取得与拟建边坡工程类似的已有边坡工程的经验

边坡设计时,在对当地的地质条件及降雨情况缺乏把握的情况下,对当地同类边坡工程的经验资料,包括边坡断面设计形状、坡比、台阶高度、台阶宽度及防护结构形式等进行深入、细致的分析研究显得尤为重要。

《建筑边坡工程技术规范》(GB 50330—2013)规定,建筑边坡支护结构形式应考虑场地地质和环境条件、边坡侧压力的大小和特点、边坡高度、对边坡变形的难易程度、边坡支护结构形式对地质环境影响程度以及边坡工程安全等级等因素,可按表5.1选定。

表5.1　边坡支护结构常用形式

支护结构条件	边坡环境条件	边坡高度 H /m	边坡工程安全等级	备　注
重力式挡土墙	场地允许,坡顶无重要建(构)筑物	土质边坡,H≤10 m 岩质边坡,H≤12 m	一、二、三级	不利于控制边坡变形。土方开挖后边坡稳定较差时不应采用
悬臂式挡墙、扶壁式挡墙	填方区	悬臂式挡墙,H≤6 m 扶壁式挡墙,H≤10 m	一、二、三级	适用于土质边坡
桩板式挡墙		悬臂式,H≤15 m 锚拉式,H≤25 m	一、二、三级	桩嵌固端土质较差时不宜采用,当对挡墙变形要求较高时宜采用锚拉式桩板挡墙
板肋式格构式锚杆挡墙		土质边坡,H≤15 m 岩质边坡,H≤30 m	一、二、三级	边坡高度较大或稳定性较差时宜采用逆作法施工。当挡墙变形有较高要求的边坡,宜采用预应力锚杆

续表

支护结构条件	边坡环境条件	边坡高度 H /m	边坡工程安全等级	备 注
排桩式锚杆挡墙	坡顶建(构)筑物需要保护,场地狭窄	土质边坡,$H \leqslant 15$ m 岩质边坡,$H \leqslant 30$ m	一、二、三级	有利于对边坡变形控制。适用于稳定性较差的土质边坡、有外倾软弱结构面的岩质边坡、垂直开挖施工尚不能保证稳定的边坡
岩石锚喷技术		I 类岩质边坡,$H \leqslant 30$ m	一、二、三级	适用于岩质边坡
		II 类岩质边坡,$H \leqslant 30$ m	二、三级	
		III 类岩质边坡,$H \leqslant 15$ m	二、三级	
坡率法	坡顶无重要建(构)筑物,场地有放坡条件	土质边坡,$H \leqslant 10$ m 岩质边坡,$H \leqslant 25$ m	一、二、三级	不良地质段,地下水发育区、软塑及流塑状土时不应采用

5.1.2 边坡工程防治技术设计的基本原则

1)边坡工程防治技术设计的基本要求和相关规定

《建筑边坡工程技术规范》(GB 50330—2013)对边坡工程设计的一般规定为:

①建筑边坡工程设计应取得所需的资料。

②一级边坡工程应采用动态设计法,应提出对施工方案的特殊要求和监测要求,应掌握施工现场的地质状况、施工情况和变形、应力监测的反馈信息,并根据实际地质状况和监测信息对原设计作校核、修改和补充。二级边坡工程宜采用动态设计法。

所谓动态设计法,是指根据信息法施工和施工勘察反馈的资料,对地质结论、设计参数和设计方案进行再验证,如确认原设计条件有较大变化,及时补充、修改原设计的设计方法。

③建筑边坡工程的设计使用年限应不低于被保护的建(构)筑物的设计使用年限。

边坡的使用年限是指边坡工程的支护结构能发挥正常支护功能的年限,边坡工程设计年限临时边坡为 2 年,永久边坡按 50 年设计,当受边坡支护结构保护的建筑物(坡下塌方区)为临时或永久性时,支护结构的设计使用年限应不低于上述值。因此,该要求为《建筑边坡工程技术规范》(GB 50330—2013)强制性条文,应严格执行。

④边坡支护结构形式可按表 5.1 选定。在表 5.1 给出的支护结构形式中,锚拉式桩板式挡墙、板肋式或格构式锚杆挡墙、排桩式锚杆挡墙属于有利于对边坡变形进行控制的支护形式,其余支护形式均不利于边坡变形控制。

⑤规模大、破坏后果很严重且难以处理的滑坡、泥石流、危岩及较危险的断层破碎带地区,不应修筑建筑边坡。

⑥山区进行工程建设时,应根据地形、地质条件及建设工程要求,因地制宜设置边坡,避免形成深挖高填的边坡工程,对稳定性较差且高度较大的边坡工程,宜采用放缓边坡或分阶放缓边坡的方式进行治理。放缓边坡之前,应作稳定性分析。稳定性较差的高大边坡,采用后仰放坡或分阶放坡方案,有利于减小侧压力,提高施工期的安全和降低施工难度。

⑦当边坡坡体内洞室密集而对边坡产生不利影响时,应根据洞室大小和深度(埋深)等因素进行稳定性分析,采取相应的加强措施。

当边坡坡体内及支护结构基础下洞室(人防洞室或天然溶洞)密集时,可能造成边坡工程施工期塌方或支护结构变形过大,已有不少工程教训,设计时应引起充分重视。

⑧当有存在临空外倾结构面的岩土质边坡时,支护结构的基础必须置于外倾结构面以下的稳定地层内。

⑨边坡工程平面布置、竖向及里面设计应考虑其对周边环境的影响,做到美化环境,并体现保护生态的要求。

⑩当施工期边坡变形较大且大于规范、设计允许值时,应采取包括边坡施工期临时加固措施的支护方案。

⑪在边坡工程的使用期,当边坡出现明显变形,发生安全事故及使用条件改变时,如开挖坡脚、坡顶超载且需加高坡体高度时,都必须进行鉴定和加固设计,并按现行国家标准《建筑边坡工程鉴定与加固技术规范》(GB 50843—2013)的规定执行。

建筑边坡工程的混凝土结构耐久性设计应符合现行国家标准《混凝土结构设计规范(2015 年版)》(GB 50010—2010)的规定。

⑫下列边坡工程的设计和施工应进行专门论证:

a. 高度超过本规范适用范围的边坡工程,即对岩质边坡高度大于 30 m、土质边坡高度大于 15 m 的边坡工程。

b. 地质和环境条件复杂、稳定性极差的一级边坡工程。这里所指的"稳定性极差、较差"的边坡工程,是指有关规范有关规定处理后安全度控制都非常困难、困难的边坡工程。

c. 边坡滑塌区有重要建(构)筑物、稳定性较差的边坡工程。

d. 采用新结构、新技术的一、二级边坡工程。

2)边坡工程防治技术设计的极限状态设计原则

边坡工程设计的主要任务是要解决边坡稳定与经济之间的矛盾,在满足边坡稳定性和可靠性的基础上,寻求最经济的设计方案。边坡支护结构设计应符合《建筑边坡工程技术规范》(GB 50330—2013)和《工程结构可靠性设计统一标准》(GB 50153—2008)的要求。

边坡工程设计应在安全可靠的基础之上进行。设计的可靠性是指边坡及其支护结构在规定的时间内,在规定的条件下,完成预定功能和保持自身整体稳定的能力。它是边坡支护结构安全性、适用性和耐久性的总称。

①安全性。边坡及其支护结构在正常施工和正常使用时能承受可能出现的各种荷载作用,以及在偶然荷载发生时及发生后应能保持必需的整体稳定性。

②适用性。边坡及其支护结构在正常使用时能满足预定的使用功能要求,如作为建筑物环境的边坡能保证主体建筑物的正常使用。

③耐久性。边坡及其支护结构在正常维护下,随着时间的变化,仍能保持自身整体稳定,

同时不会因边坡的变形而引起主体建筑物的正常使用。

为了对边坡及其支护结构的可靠性进行定量描述,工程上采用边坡工程的可靠度概念。它是指边坡及其支护结构在规定的时间内,在规定的条件下,保持自身整体稳定的概率。显然它是边坡及其支护结构可靠性的一种概率度量。边坡可靠度的研究难度远较结构可靠度大,故目前在边坡工程设计中主要采用较成熟的结构可靠度理论,即在保证边坡稳定性的前提下对支护结构采用极限状态设计原则。

边坡工程(其基准期以主体建筑物的设计基准期为准)设计可分为下列两类极限状态:

①承载能力极限状态。对应于挡土墙、桩板墙等支护结构达到最大承载力(强度)、锚固系统失效、发生不适于继续承载的变形或坡体失稳等情况时应满足承载能力极限状态的设计要求。

承载能力极限状态下,由可变荷载效应控制的基本组合设计值计算为

$$S = \gamma_g S_{gk} + \gamma_{Q1} \varphi_{c1} S_{Q1k} + \gamma_{Q2} \varphi_{c2} S_{Q2k} + \cdots + \gamma_{Qi} \varphi_{ci} S_{Qik} + \cdots + \gamma_{Qn} \varphi_{cn} S_{Qnk} \quad (5.1)$$

式中　S_{gk}——按永久荷载标准值 G_k 计算的荷载效应值;

γ_g——永久荷载分项系数,按现行国家标准《建筑结构荷载规范》(GB 50009—2012)的规定取值;

S_{Qik}——按可变荷载标准值 Q_{ik} 计算的荷载效应值;

γ_{Qi}——第 i 个可变荷载 Q_i 的分项系数,按现行国家标准《建筑结构荷载规范》(GB 50009—2012)的规定取值;

φ_{ci}——第 i 个可变荷载 Q_i 组合值系数,按现行国家标准《建筑结构荷载规范》(GB 50009—2012)的规定取值。

对由永久荷载效应控制的基本组合,也可采用简化规则,荷载效应基本组合的设计值可确定为

$$S = 1.35 S_k \leqslant R \quad (5.2)$$

式中　R——结构构件抗力的设计值,按有关建筑结构设计规范的规定确定;

S_k——荷载效应的标准组合值。

②正常使用极限状态。对应于支护结构和边坡的变形达到支护结构本身或邻近建(构)筑物的正常使用所规定的变形限值或达到耐久性能的某项规定限值等情况时应满足正常使用极限状态的设计要求。

正常使用极限状态下,荷载效应的标准组合值可表示为

$$S_k = S_{gk} + S_{Q1k} + \varphi_{c2} S_{Q2k} + \cdots + \varphi_{ci} S_{Qik} + \cdots + \varphi_{cn} S_{Qnk} \quad (5.3)$$

式中　S_{gk}——按永久荷载标准值 G_k 计算的荷载效应值;

S_{Qik}——按可变荷载标准值 Q_{ik} 计算的荷载效应值;

φ_{ci}——第 i 个可变荷载 Q_i 的组合值系数,按现行国家标准《建筑结构荷载规范》(GB 50009—2012)的规定取值。

《工程结构可靠性设计统一标准》(GB 50153—2008)将工程结构设计区分为 4 种设计状况,4 种设计状况应分别进行相应的极限状态设计,并由两种极限状态设计方法和不同的设计状态选用不同的作用组合。

①工程结构设计时,应区分下列设计状态:

　　a. 持久设计状况。适用于结构使用时的正常情况。

　　b. 短暂设计状况。适用于结构出现的临时情况,包括结构施工和维修时的情况等。

　　c. 偶然设计状况。适用于结构出现的异常情况,包括结构遭受火灾、爆炸、撞击时的情况等。

　　d. 地震设计状况。适用于结构遭受地震时的情况,在抗震设防地区必须考虑地震设计状况。

　　②4 种工程结构设计状态应分别进行下列极限状态设计:

　　a. 对 4 种设计状况,均应进行承载能力极限状态设计。

　　b. 对持久设计状况,还应进行正常使用极限状态设计。

　　c. 对短暂设计状况和地震设计状况,可根据需要进行正常使用极限状态设计。

　　d. 对偶然设计状况,可不进行正常使用极限状态设计。

　　③进行承载能力极限状态设计时,应根据不同的设计状况采用下列作用组合:

　　a. 基本组合。用于持久设计状况或短暂设计状况。

　　b. 偶然组合。用于偶然设计状况。

　　c. 地震组合。用于地震设计状况。

　　④进行正常使用极限状态设计时,可采用下列作用组合:

　　a. 标准组合。宜用于不可逆正常使用极限状态设计。

　　b. 频遇组合。宜用于可逆正常使用极限状态设计。

　　c. 准永久组合。宜用于长期效应是决定性因素的正常使用极限状态设计。

　　3)边坡设计中的荷载效应原则

　　边坡工程设计涉及的主要荷载有边坡岩土体自身重力(分天然重力和饱和重力)、地下水产生的荷载(静水压力、渗透压力等)、地震荷载以及边坡上的各种建(构)筑物产生的附加荷载等。根据《工程结构可靠性设计统一标准》(GB 50153—2008),作用在边坡支挡结构设计上的这些荷载,可将其划分为永久荷载、可变荷载和偶然荷载。各种荷载的取值应根据不同极限状态设计要求取不同的代表值。永久荷载一般以标准值作为代表值;可变荷载一般以其标准值、组合值、准永久值作为代表值。

　　荷载的标准值是边坡支护结构按照极限状态设计时采用的荷载基本代表值,它可统一由设计基准期最大荷载概率分布的某一分位数确定;可变荷载的准永久值是按照正常使用极限状态长期效应组合设计时采用的荷载代表值,主要由荷载出现的累计持续时间而定,即按照设计基准期内荷载超过该值的总持续时间与整个设计基准期的比值确定。可变荷载的组合值是当边坡支护结构承受两种或两种以上的可变荷载时,按承载能力极限状态基本组合及正常使用极限状态短期组合设计时采用的荷载代表值。

　　各种荷载效应组合应根据现行国家有关标准,按照荷载效应最不利组合的原则进行设计。

　　边坡工程设计所采用的作用效应组合与相应抗力限值应符合下列规定:

　　①按地基承载力确定支护结构或构件的基础底面积及其埋深或按单桩承载力确定桩数时,传至基础或桩上的作用效应应采用荷载效应标准组合;相应的抗力应采用地基承载力特征值或单桩承载力特征值。

　　②计算边坡及支护结构稳定性时,应采用荷载效应基本组合,但其分项系数均为 1.0。

③计算锚杆面积、锚杆杆体与砂浆的锚固长度、锚杆锚固体与岩土层的锚固长度时，传至锚杆的作用效应应采用荷载效应标准组合。

④在确定支护结构(立柱、挡板、挡墙等)截面、基础高度、计算基础或支护结构内力、确定配筋和验算材料强度时，荷载效应组合应采用基本组合，并满足要求

$$\gamma_0 S \leqslant R \tag{5.4}$$

式中　　S——基本组合的效应设计值；

　　　　R——结构构件抗力的设计值；

　　　　γ_0——支护结构重要性系数，对安全等级为一级的边坡应不低于1.1，二、三级边坡应不低于1.0。

⑤计算支护结构变形(水平位移与垂直位移)、锚杆变形及地基沉降时，荷载效应组合应采用准永久组合，不计入风荷载和地震作用，相应的限值应为支护结构、锚杆或地基的变形允许值。

⑥在支护结构抗裂计算时，荷载效应组合应采用标准组合，并考虑长期作用影响。

⑦抗震设计时，地震作用效应和荷载效应的组合应按照国家现行有关标准执行。

建筑边坡抗震设防的必要性成为工程界的统一认识。城市中建筑边坡一旦破坏将直接危及相邻的建筑，后果极为严重。因此，抗震设防的建筑边坡与建筑物的基础同样重要。《建筑边坡工程技术规范》(GB 50330—2013)提出，在边坡设计中应考虑抗震构造要求，其构造应满足现行国家标准《建筑抗震设计规范(2016年版)》(GB 50011—2010)中对梁的相应要求，当立注竖向附加荷载较大时，还应满足对柱的相应要求。

地震区边坡工程应按下列原则考虑地震作用的影响：

①边坡工程的抗震设防烈度应根据中国地震动参数区划图确定的本地区地震基本烈度确定，且应不低于边坡滑塌区内建筑物的设防烈度。

②对抗震设防的边坡工程，其地震效应计算应按现行国家有关标准执行；抗震设防为6度以下的地区、临时性边坡和岩石基坑工程可不作抗震计算，但应采取一定的抗震构造措施；抗震设防烈度6度及以上的地区，边坡工程支护结构应进行地震作用计算。

③对支护结构和锚杆外锚头等，应按照抗震设防烈度要求采取相应的抗震构造措施。

④抗震设防区，支护结构或构件承载能力应采用地震作用效应和荷载效应基本组合进行验算。

4)边坡工程设计中的动态设计原则

组成边坡的岩土体介质具有复杂性、可变性和不确定性等特点，边坡设计计算参数难以准确确定，加之边坡设计理论带有经验性和类比性。因此，边坡工程设计需要根据信息法施工和施工勘察反馈的信息和资料，对地质结论、设计参数及设计方案进行验证，确认原设计条件有较大变化时，及时补充、修改和完善原设计，这是目前边坡工程设计中较为科学的动态设计方法。该方法要求提出具体的施工方案和监测方案，能在施工过程中获取对原设计进行验证、补充和完善的有效信息和资料。

5)边坡工程设计中的综合治理原则

边坡工程设计应结合边坡和工程建(构)筑物的特点，实施多措施综合治理原则。在保证边坡整体稳定的前提下，应综合考虑主体建(构)筑物、周边建(构)筑物、周边地质环境以及整体美观、适用、经济等特点进行优化设计。

任务 5.2 　边坡坡率与坡形设计

5.2.1 　概述

边坡的坡度用边坡高度 H 与宽度 b 的比值表示,并取 $H=1$,如图 5.1 所示。$H:b=1:0.5$(挖方边坡)或 $1:1.5$(填方边坡),通常用 $1:n$ 或 $1:m$ 表示其比率(m,n 称为边坡坡率)。图 5.1 中,$m=0.5$,$n=1.5$。

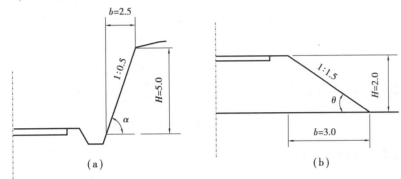

图 5.1 　路基边坡坡度示意图

边坡坡度关系边坡工程的稳定和投资。例如,道路与铁路路基中的边坡,尤其是陡坡地段的路堤及较深路堑的挖方边坡,不仅工程量大,施工难度高,而且是路基稳定性的关键所在,如果地质水文条件较差,往往病害严重,持续年限很长,在水作用下导致边坡坍塌破坏,影响道路与铁路的正常运营。因此,合理确定路基边坡坡度,对路基稳定和道路经济至关重要。因此,在设计时,要全面考虑,力求合理。

坡率法通过控制边坡的高度和坡度而无须对边坡进行整体加固就能使边坡达到自身稳定。它是一种比较经济、施工方便的边坡处理方法。

坡率法在公路路堑边坡、填方路堤边坡中被广泛使用,工程中又称削坡(或刷坡),如图 5.2 所示。当工程场地有放坡条件且无不良地质作用时,宜优先采用坡率法。

《建筑边坡工程技术规范》(GB 50330—2013)对坡率法的一般规定如下:

①该方法可适用于岩坡、良好的沙性土坡和黏土坡中,并要求地下水位较低,放坡开挖时有足够的场地。

②当有下列情况之一时的边坡,不应单独采用坡率法,应与其他边坡支护措施联合使用:

a.放坡开挖时对相邻建(构)筑物有不利影响的边坡。

b.地下水发育的边坡。

c.具有软弱土层等稳定性差的边坡。

d.坡体内有外倾软弱结构面或深层滑动面的边坡。

e.单独采用坡率法不能有效改善边坡整体稳定性的边坡。

f.地质条件复杂的一级边坡。

③填方边坡采用坡率法时可与加筋材料联合应用。

④采用坡率法时,应进行边坡环境整治、坡面绿化和排水处理。

⑤高度较大的边坡应分级开挖放坡。分级放坡时,应验算边坡整体和各级的稳定性。

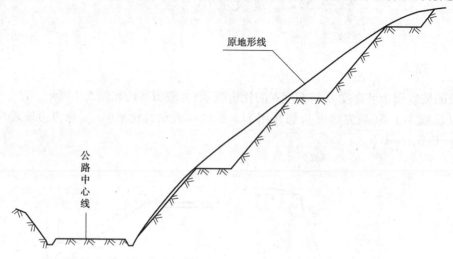

图 5.2　坡率法图示

5.2.2　挖方边坡坡率法设计计算

挖方边坡坡率法设计主要是在保证边坡稳定的基础上控制边坡的高度和坡度。其设计内容包括确定边坡的形状、确定边坡的坡度(削坡坡率)、坡面防护设计及边坡稳定性验算。

挖方边坡坡率法设计时,必须查明边坡的工程地质条件,包括边坡岩土性质、各种软弱结构面性质、地质构造特征、水文地质特征、当地地质条件相似的自然极限山坡或人工边坡等条件。

1)确定挖方边坡的形状

挖方边坡包括建筑挖方边坡和道路路堑边坡。挖方边坡其边坡坡度与边坡的高度、坡体岩土体性质、地质构造特征、岩石的风化与破碎程度、地面水和地下水发育情况等因素有关。

挖方边坡的基本形状一般有 4 种:直线形(见图 5.3(a))、上陡下缓折线形(见图 5.3(b))、上缓下陡折线形(见图 5.3(c))及台阶形(见图 5.3(d))。直线形边坡一般适用于均质或薄层互层且高度较小的边坡;上陡下缓折线形边坡一般适用于边坡较高或由多层土组成而

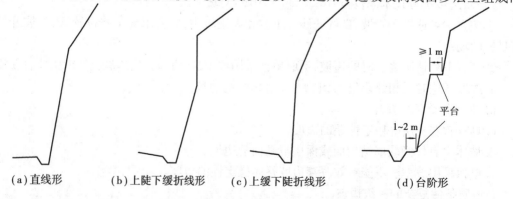

(a)直线形　　　(b)上陡下缓折线形　　　(c)上缓下陡折线形　　　(d)台阶形

图 5.3　挖方边坡的常用横断面基本形式

上部岩土层的稳定性较下部好的边坡;上缓下陡折线形边坡一般适用于上部为覆盖层或上部岩土层稳定性较下部差的边坡;当边坡由多层土组成或很高时,可在边坡中部或岩土层界面处设置大于等于 1.0 m 宽的平台,形成台阶形边坡,台阶形边坡稳定性较好,但相应的土石方量较大。

2) 确定挖方边坡的坡率

挖方边坡坡率的确定应考虑边坡类型、边坡等级、工程地质和水文地质特征、施工方法等因素,并对照当地自然极限边坡或人工边坡的坡度确定。

(1) 土质挖方边坡的坡率

《公路路基设计规范》(JTGD30—2015) 规定,土质路堑边坡形式及坡率应根据工程地质与水文地质条件、边坡高度、排水防护措施及施工方法,结合自然稳定边坡和人工边坡的调查及力学分析综合确定。边坡高度不大于 20 m 时,边坡坡率宜不陡于表 5.2 的规定值,表 5.2 中土的密实程度划分可参照表 5.3 确定。

表 5.2 土质路堑边坡坡率

土的类别		边坡坡率
黏土、粉质黏土、塑形指数大于 3 的粉土		1:1
中密以上的中沙、粗沙、砾沙		1:1.5
乱石土、碎石土、圆砾土、角砾土	胶结和密实	1:0.75
	中密	1:1

表 5.3 土的密实程度划分

分级	试坑开挖情况
较松	铁锹很容易铲入土中,试坑坑壁容易坍塌
中密	天然坡面不易陡立,试坑坑壁有掉块现象,部分需用镐开挖
密实	试坑坑壁稳定,开挖困难,土块用手使力才能破碎,从坑壁取出大颗粒处能保持凹面形状
胶结	细粒土密实程度很高,粗颗粒之间呈弱胶结,试坑用镐开挖很困难,天然坡面可以陡立

《建筑边坡工程技术规范》(GB 50330—2013) 规定,土质边坡坡率的允许值应根据工程经验,按照工程类比的原则并结合已有稳定边坡的坡率值分析确定。当无经验且土质均匀良好、地下水贫乏、无不良地质作用和地质环境条件简单时,边坡坡率允许值可按表 5.4 确定。

表 5.4 土质边坡坡率允许值

边坡土体类别	状态	坡率允许值(高宽比)	
		坡高小于 5 m	坡高 5~10 m
碎石土	密实	1:0.35~1:0.50	1:0.50~1:0.75
	中密	1:0.50~1:0.75	1:0.75~1:1.00
	稍密	1:0.75~1:1.00	1:1.00~1:1.25

续表

边坡土体类别	状态	坡率允许值（高宽比）	
		坡高小于5 m	坡高5~10 m
黏性土	坚硬	1:0.75~1.00	1:1.00~1:1.25
	硬塑	1:1.00~1:1.25	1:1.25~1:1.50

注:1. 表中碎石土的充填物为坚硬或硬塑状态的黏性土。

2. 对沙土或充填物为沙土的碎石土,其边坡坡率允许值应按沙土或碎石土的自然休止角确定。

（2）岩质挖方边坡的坡率

岩质路堑边坡形式及坡率应根据工程地质与水文地质条件、边坡高度、排水防护措施及施工方法,结合自然稳定边坡和人工边坡的调查综合确定。必要时,可采用稳定性分析方法予以验算。岩石的分类、风化和破碎程度及边坡的高度是决定坡率的主要因素。当岩质路堑边坡高度不大于30 m时,无外倾软弱结构面的边坡可根据这些因素按表2.1确定岩体类型。在按上述分类方法确定岩体类型的基础上,《公路路基设计规范》（JTGD30—2015）规定按表5.5确定边坡坡率。

表5.5 岩质路堑边坡坡率

边坡岩体类型	风化程度	边坡坡率	
		$H<15$ m	15 m$\leq H\leq$30 m
I类	未、微风化	1:0.1~1:0.3	1:0.1~1:0.3
	弱风化	1:0.1~1:0.3	1:0.3~1:0.5
II类	未、微风化	1:0.1~1:0.3	1:0.3~1:0.5
	弱风化	1:0.3~1:0.5	1:0.50~1:0.75
III类	未、微风化	1:0.3~1:0.5	—
	弱风化	1:0.50~1:0.75	—
IV类	弱风化	1:0.5~1:1	
	强风化	1:0.75~1:1	

注:1. 有可靠的资料和经验时,可不受本表限制。

2. IV类强风化包括各类风化程度的极软岩。

边坡高度大于20 m的软弱松散岩质路堑,宜采用分层开挖、分层防护和坡脚预加固技术。当挖方边坡较高时,可根据不同的土质、岩石性质和稳定要求开挖成折线式或台阶式边坡,边坡外侧应设置碎落台,其宽度宜不小于1.0 m;台阶边坡中部应设置边坡平台,其宽度宜不小于2 m。

由于地表岩层和自然条件,以及路基的构造要求与形式变化极大,岩质路堑边坡坡率难以定型,表列数值为一般条件下的经验值。因此,应用时应结合当地的工程地质条件和水文条件,参考各地现有自然稳定山坡和人工成型稳定的山坡,加以对比选用。对土质挖方边坡高度超过20 m、岩质挖方边坡高度超过30 m和不良地质地段的路堑边坡,应进行个别勘察设计和稳定性验算,以及采取排水、护坡与加固等技术措施。

《建筑边坡工程技术规范》(GB 50330—2013)指出,在边坡保持整体稳定的条件下,岩质边坡开挖的坡率允许值应根据实际工程经验,按工程类比的原则并结合已有稳定边坡的坡率值分析确定。对无外倾软弱结构面的边坡,放坡坡率可按表 5.6 确定。

表 5.6　岩质边坡坡率允许值

边坡岩体类型	风化程度	坡率允许值(高宽比)		
		$H < 8$ m	8 m $\leq H <$ 15 m	15 m $\leq H <$ 25 m
Ⅰ 类	未(微)风化	1:0.00 ~ 1:0.10	1:0.10 ~ 1:0.15	1:0.15 ~ 1:0.25
	中等风化	1:0.10 ~ 1:0.15	1:0.15 ~ 1:0.25	1:0.25 ~ 1:0.35
Ⅱ 类	未(微)风化	1:0.10 ~ 1:0.15	1:0.15 ~ 1:0.25	1:0.25 ~ 1:0.35
	中等风化	1:0.15 ~ 1:0.25	1:0.25 ~ 1:0.35	1:0.35 ~ 1:0.50
Ⅲ 类	未(微)风化	1:0.25 ~ 1:0.35	1:0.35 ~ 1:0.50	—
	中等风化	1:0.35 ~ 1:0.50	1:0.50 ~ 1:0.75	—
Ⅳ 类	中等风化	1:0.50 ~ 1:0.75	1:0.75 ~ 1:1.00	—
	强风化	1:0.75 ~ 1:1.00	—	—

注:1. 表中 H 为边坡高度。

　　2. Ⅳ类强风化包括各类风化程度的极软岩。

　　3. 全风化岩体可按照土质边坡坡率取值。

调查统计资料表明,当出现滑动面为黏土岩、黏土页岩、泥质灰岩及泥质板岩等泥化层面且滑动倾角 9° ~ 12°,滑动面为砂岩层面或砾岩层面且滑动倾角大于 30°,滑动面为无泥质充填物结构面且滑动倾角 30° ~ 75°(多数为 35° ~ 60°)这些情况时,边坡仅在重力作用下,软弱面的倾角大于摩擦角且小于边坡坡角时是最危险的软弱面。

《建筑边坡工程技术规范》(GB 50330—2013)规定,有外倾软弱结构面的岩质边坡、土质较软的边坡、坡顶边缘附近有较大荷载的边坡和坡高超过上表 5.4 和表 5.5 范围的边坡,其坡率允许值应通过稳定性计算分析确定。

(3)土石混合堆积体挖方边坡的坡率

该类边坡一般采用与天然休止角相应的边坡坡率(见表 5.7),对已稳定的堆积体可根据其胶结和密实程度采用较陡的边坡坡度。边坡中出现松散夹层时,应进行适当防护。边坡高度超过 20 m 时,应分台阶进行放坡。原堆积体的平衡条件因挖方而遭到破坏,堆积体可能沿接触面滑动,故在堆积体开挖后形成的边坡应特别注意剩余土体的稳定性,必要时可放缓边坡或清除全部剩余土体。

表 5.7　土石混合堆积体边坡坡率参考值

岩堆情况	条件说明	边坡坡率
不含杂质的碎石	山区的堆积层	1:1 ~ 1:1.25
不含杂质的碎石	平坦地区,已密实	1:0.75 ~ 1:1

续表

岩堆情况	条件说明	边坡坡率
碎石被小颗粒包围,碎石间互不接触	小颗粒是无黏结力的沙	1:1.5
碎石被小颗粒包围,碎石间互不接触	小颗粒是黏性土	1:75~1:2.0
碎石相互间尚能接触,中夹黏性土	碎石有棱角	1:1.25
碎石相互间尚能接触,中夹黏性土	碎石失去棱角,较圆滑	1:1.5
一般堆积层		≥1:1.5

(4)膨胀土挖方边坡

膨胀土工程性质特殊而复杂,膨胀土边坡的破坏与一般黏性土边坡的破坏完全不同,其变形破坏受多种因素的影响,有的位于坡脚,也有的位于坡腰与堑顶,其对建(构)筑物的潜在破坏很严重。膨胀土边坡坡度的确定比较复杂,目前尚无成熟的理论与方法。统计数据表明,无论公路、铁路或渠道膨胀土边坡,坡度在1:2~1:3的边坡,仍表现出普遍不稳定,甚至有的铁路路堑及渠道膨胀土边坡,坡度缓至1:5~1:8,也不一定完全稳定,特别是在边坡土体结构与环境地质条件较复杂的地区,或分布有软弱夹层(如灰白色、灰绿色强膨胀土),边坡稳定问题更为复杂。

目前,在膨胀土路堑边坡设计中仍然以工程地质比拟法为主,必要时再进行力学分析验算边坡稳定性。工程地质比拟法是以同类膨胀土边坡在相同或相似工程地质、水文地质及环境地质条件下的稳定性为参照,将拟设计边坡的上述条件与已有同类边坡进行对比,参照已有稳定程度最好的边坡进行设计的一种方法。自然界是千变万化的,故在进行对比分析时一定要收集足够的第一手资料,并充分掌握已有膨胀土边坡的历史和现状,切不可简单照搬。根据实践经验得出的边坡坡率参考值见表5.8。

表5.8 膨胀土边坡坡率设计参考值

膨胀土类别	边坡高度	边坡坡度	边坡平台宽度/m
弱膨胀土	<6	1:1.5	1.0
	6~10	1:1.5~1:2.0	
	>10	1:1.75~1:2.0	
中等膨胀土	<6	1:1.5~1:1.75	2.0
	6~10	1:1.75~1:2.0	
	>10	1:1.75~1:2.5	
强膨胀土	<6	1:1.75	2.0
	6~10	1:1.75~1:2.5	
	>10	1:2.0~1:2.5	

(5)黄土挖方边坡

黄土是第四纪形成的特殊沉积物。其主要特征是颜色以黄色为主,有浅黄、灰黄、黄褐、褐黄等色,含大量粉粒(一般在55%以上),孔隙度一般在40%~50%,孔隙比约为1,垂直节理发育,具有湿陷性、溶蚀性、易冲刷及各向异性等工程特性。广泛分布于我国北纬34°~45°的干旱和半干旱地区。目前,黄土边坡的坡率设计主要以工程地质类比为主,力学分析验算为辅。各类黄土边坡坡率设计参考值见表5.9。

表5.9　黄土边坡坡率设计参考值

地区	工程分类		边坡坡度				
			边坡高度				
			<6 m	6~12 m	12~20 m	20~30 m	30~40 m
东南地区	新黄土(马兰黄土)	坡积	1:0.5	1:0.5~1:0.75	1:0.75~1:1.0		
		洪积、冲积	1:0.2~1:0.3	1:0.3~1:0.5	1:0.5~1:0.75	1:0.75~1:1.0	
	新黄土(马兰黄土)		1:0.3~1:0.4	1:0.4~1:0.6	1:0.6~1:0.75	1:0.75~1:1.0	1:1.0~1:1.25
	老黄土(离石黄土)		1:0.1~1:0.3	1:0.2~1:0.4	1:0.3~1:0.5	1:0.5~1:0.75	1:0.75~1:1.0
中部地区	新黄土(马兰黄土)	坡积	1:0.5	1:0.5~1:0.75	1:0.75~1:1.0		
		洪积、冲积	1:0.2~1:0.3	1:0.3~1:0.5	1:0.5~1:0.75	1:0.75~1:1.0	
	新黄土(马兰黄土)		1:0.3~1:0.4	1:0.4~1:0.5	1:0.5~1:0.75	1:0.75~1:1.0	1:1.0~1:1.25
	老黄土(离石黄土)		1:0.1~1:0.3	1:0.2~1:0.4	1:0.3~1:0.5	1:0.5~1:0.75	1:0.75~1:1.0
	红色黄土(午城黄土)		1:0.1~1:0.2	1:0.2~1:0.3	1:0.3~1:0.4	1:0.4~1:0.6	1:0.6~1:0.75
西中地区	新黄土(马兰黄土)	坡积	1:0.5~1:0.75	1:0.75~1:1.0	1:1.0~1:1.25		
		洪积、冲积	1:0.2~1:0.4	1:0.4~1:0.6	1:0.6~1:0.75	1:0.75~1:1.0	
	新黄土(马兰黄土)		1:0.4~1:0.5	1:0.5~1:0.75	1:0.75~1:1.0	1:1.0~1:1.25	1:1.25
	老黄土(离石黄土)		1:0.1~1:0.3	1:0.2~1:0.4	1:0.3~1:0.5	1:0.5~1:0.75	1:0.75~1:1.0
北部地区	新黄土(马兰黄土)	坡积	1:0.5~1:0.75	1:0.75~1:1.0	1:1.0~1:1.25		
		洪积、冲积	1:0.2~1:0.4	1:0.4~1:0.6	1:0.6~1:0.75	1:0.75~1:1.0	
	新黄土(马兰黄土)		1:0.3~1:0.4	1:0.5~1:0.6	1:0.6~1:0.75	1:0.75~1:1.0	1:1.0~1:1.25
	老黄土(离石黄土上部)		1:0.1~1:0.3	1:0.2~1:0.4	1:0.3~1:0.5	1:0.5~1:0.75	1:0.75~1:1.0
	老黄土(离石黄土下部)		1:0.1~1:0.2	1:0.2~1:0.3	1:0.3~1:0.4	1:0.4~1:0.6	1:0.6~1:0.75

注:当边坡高度>20 m时,宜考虑进行力学验算;本表所提供的参考值,系指一般均质土,并无不良水文地质及工程地质现象时的坡度值。

　　填土边坡的坡率允许值应按边坡稳定性计算结果并结合地区经验确定。

　　边坡整体高度可按同一坡率进行放坡,也可根据边坡岩土的变化情况按不同的坡率进行放坡。挖方边坡坡率法施工开挖应自上而下有序进行,并应保持两侧边坡的稳定,保证弃土、弃渣的堆填不导致边坡附加变形或破坏现象发生。

　　填土边坡施工应自下而上分层进行,每一层填土施工完成后应进行相应技术指标的检测,质量检验合格后方可进行下一层填土施工。

3)坡面防护设计

边坡的防护主要是针对容易风化剥落或破碎程度较为严重的坡面,应考虑坡面的防护措施,以防止各种自然应力对边坡的破坏作用,保证边坡的稳定性。设计中,应注意边坡的防护与边坡环境美化相结合。

边坡应设置排水系统,边坡坡顶、坡面、坡脚和水平台阶应设排水沟,并作好坡脚防护;在坡顶外围应设截水沟;边坡水系应因势利导保持畅通,稳定边坡应采取保护措施,防止土体流失、岩层风化及环境恶化造成边坡稳定性降低。对土质边坡或易软化的岩质边坡,坡顶应作成向外倾斜的不渗水地面,坡底应做不漏水的排水沟和集水井,以便及时排除积水。

当边坡表层有积水湿地、地下水渗出或地下水露头时,应根据实际情况设置外倾排水孔、排水盲沟和排水钻孔,在上游沿垂直地下水流向设置地下排水廊道以拦截地下水等导排措施。

永久性边坡宜采用锚喷、浆砌片石或格构等构造措施护面。在条件许可时,宜尽量采用格构或其他有利于生态环境保护和美化的护面措施。临时性边坡可采用水泥砂浆护面。

边坡工程在雨季施工时,应做好地表水和地下水的排导和防护工作。

4)边坡稳定性验算

边坡稳定性验算可检验坡率设计效果,也可在坡率设计前进行验算。具有张节理和静水压力的边坡的受力情况如图5.4所示。该图所作假定为:滑动面及张节理的走向平行坡面;张节理直立,深度为Z,其中充水深度为Z_w;水沿张节理的底进入滑动面并沿滑动面渗透,在大气压下沿坡面的滑动面出露处流出。图5.4中,W为滑动块的重力,U为滑动面上水压所产生的上举力,V为张节理中的水压力,三力均通过滑体重心来作用,也就是假定没有使岩块旋转的力矩,因此,破坏仅是滑动破坏。

对局部不稳定块体应清除,也可采用锚杆或其他有效加固措施。

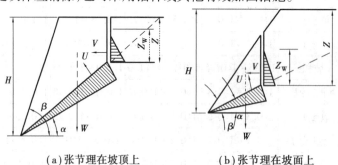

(a)张节理在坡顶上　　　　　　(b)张节理在坡面上

图5.4　具有张节理和静水压力的边坡受力示意图

5.2.3　填方边坡坡率设计

在道路与铁路工程中,填方路基非常普遍。全填方路堤边坡的常用断面形式如图5.5所示。陡坡地段的半填半挖路基边坡的常用断面形式如图5.6所示。

填方边坡坡度与填料类型和边坡高度有关。根据所用填料类型的不同,可分为土质和石质两种填方边坡。

1)土质填方边坡

一般土质填方边坡,均采用1:1.5,但当边坡高度超过一定值时,其下部边坡改用1:1.75,以保证边坡工程的稳定。各类土质填方边坡坡度的取值见表5.10。

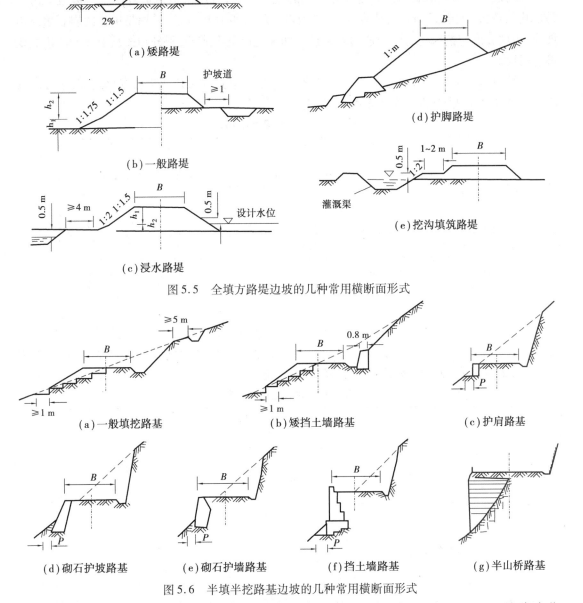

图 5.5　全填方路堤边坡的几种常用横断面形式

图 5.6　半填半挖路基边坡的几种常用横断面形式

对浸水填方边坡,设计水位以下部分视填料情况,边坡坡度采用 1:1.75～1:2,在常水位以下部分可采用 1:2～1:3,并视水流情况采取加固措施。

表 5.10　路堤边坡坡率

填料类别	边坡坡度	
	上部高度($H \leqslant 8$ m)	下部高度($H \leqslant 12$ m)
细粒土	1:1.5	1:1.75
粗粒土	1:1.5	1:1.75
巨粒土	1:1.3	1:1.5

2）石质填方（路堤）边坡

当沿线有大量天然石料或开挖坡体所得的废石方时，可用来填筑边坡。填石边坡应由不易风化的较大（大于 25 cm）石块砌筑，边坡坡度一般可用 1∶1。但当采用易风化的岩石填筑边坡时，边坡坡度应按风化后的土质边坡设计。如风化成黏土或沙，则分别按黏土或沙的边坡要求进行设计。

当填筑体全部用 25 cm 左右的不易风化石块填筑，且边坡采用码砌方式修筑，其边坡坡度应根据具体情况决定，也可参考表 5.11 采用。

表 5.11　填石路堤边坡坡率

填石料种类	边坡坡度	
	上部高度（$H \leqslant 8$ m）	下部高度（$H \leqslant 12$ m）
硬质岩石	1∶1.1	1∶1.3
中硬岩石	1∶1.3	1∶1.5
软质岩石	1∶1.5	1∶1.75

注：填石料按单轴饱和抗压强度分为硬质岩石、中等岩石和软质岩石，其单轴饱和抗压强度分别为大于 60 MPa，30 ~ 60 MPa，5 ~ 30 MPa。

陡坡上的路基填方可采用砌石护坡路基（见图 5.6（d）），砌石应用当地不易风化的开山片石砌筑。砌石顶宽一律采用 0.8 m，基底以 1∶5 的坡率向路基内侧倾斜，砌石高度 H 一般为 2 ~ 15 m，墙的内外坡度依砌石高度，按表 5.12 确定。

表 5.12　砌石边坡坡度表

序号	高度/m	内坡坡度	外坡坡度
1	$\leqslant 5$	1∶0.3	1∶0.5
2	$\leqslant 10$	1∶0.5	1∶0.67
3	$\leqslant 15$	1∶0.6	1∶0.75

5.2.4　边坡坡率构造设计

边坡坡率设计应注意边坡环境的防护整治，边坡水系应因势利导保持畅通。考虑边坡的永久性，坡面应采取保护措施，防止土体流失、岩层风化及环境恶化造成边坡稳定性降低。

《建筑边坡工程技术规范》（GB 50330—2013）关于坡率法构造设计规定如下：

①边坡的整体高度可按同一坡率进行放坡，也可根据边坡岩土的变化情况按不同的坡率放坡，如图 5.2 所示。

②位于斜坡上的人工压实填土边坡应验算填土沿斜坡滑动的稳定性。分层填筑前，应将斜坡的坡面修成若干台阶，使压实填土与斜坡面紧密接触，如图 5.5 所示。

③边坡排水系统的设置应符合下列规定：

a. 边坡坡顶、坡面、坡脚和水平台阶应设排水沟，并做好坡脚防护；在坡顶外围应设截水沟，如图 5.6 所示。

b. 当边坡表层有积水湿地、地下水渗出或地下水露头时,应根据实际情况设置外倾排水孔、排水盲沟和排水钻孔。

④对局部不稳定块体应清除,也可用锚杆或其他有效措施加固。

⑤永久性边坡宜采用锚喷、浆砌片石或格构等构造措施护面。在条件许可时,宜尽量采用格构或其他有利于生态环境保护和美化的护面措施。临时性边坡可采用水泥砂浆护面。

5.2.5　边坡坡率施工

《建筑边坡工程技术规范》(GB 50330—2013)关于坡率法施工规定如下:

①挖方边坡施工开挖应自上而下有序进行,并应保持两侧边坡的稳定,保证弃土、弃渣的堆填不导致边坡附加变形或破坏现象发生。

②填土边坡施工应自下而上分层进行,每一层填土施工完成后应进行相应技术指标的检测,质量检验合格后方可进行下一层填土施工。

③边坡工程在雨期施工时应做好水的排导和防护工作。

任务 5.3　重力式挡土墙设计

5.3.1　挡土墙概念及分类

挡土墙是一种能抵挡边坡侧向岩土压力,用来支撑天然边坡或人工边坡,使边坡岩土体保持稳定的构筑物或墙体结构物。它被广泛用于公路、铁路、水利及建筑等其他土建工程。

根据挡土墙的受力特点、材料和结构等不同,挡土墙有多种类型。

根据结构形式,挡土墙有重力式挡土墙、扶壁式挡墙、桩板式挡墙、锚杆挡墙、加筋土挡墙及竖向预应力锚杆式挡墙等。

根据材料,挡土墙有浆砌条石(块石)挡土墙、混凝土挡土墙(浆砌混凝土预制块体式和现浇混凝土整体式)、钢筋混凝土挡土墙、加筋土挡土墙等。

各类挡土墙的定义、特点、适用范围及注意事项见表5.13。

表 5.13　工程中常用挡土墙分类

挡土墙类型	定　义	特　点	适用范围	注意事项
重力式挡墙	依靠自身重力使边坡保持稳定的支护结构	结构简单,施工方便;施工工期短;能就地取材;对地基承载力要求高;工程量大,沉降量大	土质边坡高度宜不大于 10 m,岩质边坡高度宜不大于 12 m	对变形有严格要求的边坡和开挖土石方危及边坡稳定的边坡不宜采用重力式挡墙,开挖土石方危及相邻建筑物安全的边坡不应采用重力式挡墙
悬臂式挡墙	由立臂、墙趾悬臂、墙踵悬臂和墙后填土组成的支护结构	截面尺寸小;施工方便;对地基承载力要求不高;工作面较大	地基土质差且墙高 $H > 5$ m 的重要工程	稳定性主要靠墙踵悬臂以上的土所受重力维持

续表

挡土墙类型	定　义	特　点	适用范围	注意事项
扶壁式挡墙	由立板、底板、扶壁和墙后填土组成的支护结构	工程量小;对地基承载力要求不高;工艺较悬臂式复杂	地质条件差且墙高 $H>10$ m 的重要工程	为了增加悬臂的抗弯刚度,沿墙长纵向每隔0.8~1.0 h 设置一道扶壁
锚杆挡墙	由锚杆(索)、立柱和面板组成的支护结构	结构轻,柔性大;工程量少,造价低;施工工艺较复杂	地基承载力较低的重要工程,墙高可达27 m	锚杆应锚入稳定地层以内一定深度
锚定板挡墙	由预制钢筋混凝土墙面板、立柱、钢拉杆和埋在填土中的锚定板所组成的支护结构			
桩板式挡墙	由抗滑桩和桩间挡板等构件组成的支护结构			
加筋土挡墙	由面板、拉筋组成的支护结构	结构轻,刚度大;设计、施工简单	加固河堤、围堰等	依靠填土、拉筋之间的摩擦力使填土与拉筋结合成一个整体

5.3.2　重力式挡土墙类型及适用范围

1)挡土墙的用途

重力式挡土墙各部分的名称如图 5.7(a)所示。靠回填土(或山体)一侧称为墙背;墙背与垂线的交角称为墙背倾角 α;外露临空一侧称为墙面(或墙胸);墙的顶面部分称为墙顶;底面部分称为基底;墙底与墙面交线称为墙趾;墙底与墙背的交线称为墙踵;挡土墙的底部又称基础或基脚,根据需要可与墙身分开建设,也可不分开而为墙身的一部分。

以公路和铁路工程为例,挡土墙的用途可归纳如下:

①在路堑地段,若开挖后的边坡不能自行稳定,可在坡脚处设置挡土墙,以支撑边坡,降低挖方边坡高度,减少挖方数量,避免山体失稳滑塌(见图 5.7(a))。

②在地面横坡较陡,填筑路基难以稳定,或征地、拆迁费用高的填方路段,可在路肩或填方边坡的适当位置设置挡墙,以收缩路堤坡脚,减少填方数量(见图 5.7(b))或减少拆迁和征地面积(见图 5.7(c)),保证路基稳定性。

③对沿河路基,为避免沿河路基挤缩河床,防止水流冲刷路基,可在沿河一侧路基设置挡土墙(见图 5.7(d))。

④在某些挖方路段,原地面有较厚的覆盖层或滑坡,可在路堑边坡上方设置挡土墙,防止山坡覆盖层下滑(见图 5.7(e))和抵抗滑坡(见图 5.7(f))。

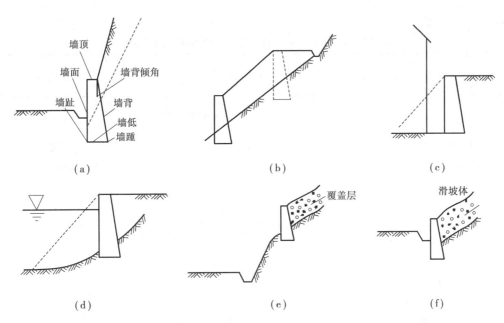

图5.7 挡土墙设置位置与用途

其他还有设置于隧道洞口的洞口挡墙和设置于桥头的桥头挡墙等。

在路基设计中,是否需要设置挡土墙,应通过与其他可能的技术方案进行技术、经济比较来确定。

2)重力式挡土墙的类型

重力式挡土墙按照墙所处的位置、材料、结构形式,可划分为以下类型:

①按照修筑重力式挡土墙的材料,可分为石砌重力挡土墙、砖砌重力挡土墙和混凝土重力挡土墙等。

②按照重力挡土墙的结构形式,可分为重力式、衡重式和半重力式等,见表5.14。其中,重力式、衡重式多用石砌,半重力式多用混凝土浇筑,视需要也可在受拉区加少量钢筋。

③根据墙背倾斜情况,重力式挡墙可分为俯斜式、仰斜式、垂直式、凸形折线式及衡重式等,如图5.8所示。

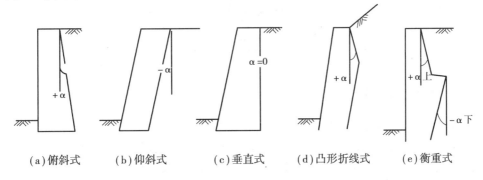

图5.8 墙背的类型

3)重力式挡土墙的特点及使用条件

重力式和衡重式挡土墙的特点是构造简单,断面尺寸较大,墙身较重,墙背侧向土压力主要由墙身重力来平衡。因墙身重,故对地基承载力要求较高。各种重力式挡土墙的主要特点和适用范围见表5.14。

表5.14 各类重力式挡土墙主要特点与适用范围

类型	特点	结构示意图	适用范围
石砌重力式	①依靠墙身自重力抵抗土压力的作用 ②形式简单,取材容易,施工简易		①盛产沙石地区 ②墙高在6 m以下,地基良好,非地震区和沿河受水冲刷时,可用干砌 ③其他情况宜用浆砌
石砌衡重式	①利用衡重台上部填土的重力作用和全部重心的后移,增加墙身稳定,节约断面尺寸 ②墙面陡直,下墙墙背仰斜,可降低墙高,减少基础开挖		①盛产沙石地区 ②山区、地面横坡陡峻的填方边坡支挡 ③也可用于挖方边坡,兼有拦挡堕实作用
混凝土半重力式	①在墙背加入少量钢筋,以减薄墙身,节省圬工 ②墙趾较宽,以保证地基宽度,必要时在墙趾处加入少量钢筋		①缺乏石料地区 ②一般高度的填方边坡支挡 ③地基情况较差

5.3.3 重力式挡土墙设计

1)一般规定

《建筑边坡工程技术规范》(GB 50330—2013)对重力式挡土墙设计的一般规定如下:
①采用重力式挡墙时,土质边坡高度宜不大于10 m,岩质边坡高度宜不大于12 m。
②对变形有严格要求或开挖土石方可能危及边坡稳定的边坡,不宜采用重力式挡墙,开挖土石方危及相邻建筑物安全的边坡不应采用重力式挡墙。
③重力式挡墙类型应根据使用要求、地形、地质及施工条件综合考虑确定。对岩质边坡和挖方形成的土质边坡,宜采用仰斜式挡墙;高度较大的土质边坡,宜采用衡重式或仰斜式挡墙。

2）设计计算

重力式挡土墙的设计计算主要包括挡土墙土压力的计算、挡土墙抗滑移和抗倾覆稳定性验算、挡土墙截面强度验算、挡土墙基底应力及地基强度验算等。

（1）挡土墙土压力的计算

重力式挡墙侧向土压力的作用可采用郎肯和库仑土压力理论计算，并根据墙高乘以相应的系数值。土质边坡采用重力式挡土墙高度不小于 5 m 时，主动土压力宜按《建筑边坡工程技术规范》（GB 50330—2013）第 6.2 条计算的主动土压力值乘以增大系数确定。挡墙高度 5~8 m 时，增大系数宜取 1.1；挡土墙增大系数大于 8 m 时，宜取 1.2。

（2）挡土墙抗滑移和抗倾覆稳定性验算

重力式挡土墙应进行抗滑移和抗倾覆稳定性验算。当挡墙地基软弱、有软弱结构面或位于边坡坡顶时，还应按下面公式进行地基稳定性验算。

重力式挡土墙的抗滑移稳定性应验算为（见图 5.9）

$$F_s = \frac{(G_n + E_{an})\mu}{E_{at} - G_t} \geqslant 1.3 \tag{5.5}$$

$$G_n = G \cos \alpha_0 \tag{5.6}$$

$$G_t = G \sin \alpha_0 \tag{5.7}$$

$$E_{at} = E_a \sin(\alpha - \alpha_0 - \delta) \tag{5.8}$$

$$E_{an} = E_a \cos(\alpha - \alpha_0 - \delta) \tag{5.9}$$

式中　E_a——每延米主动土压力合力，kN/m；

F_s——挡墙抗滑移稳定系数；

G——挡墙每延米自重，kN/m；

α_0——挡墙底面倾角，（°）；

δ——墙背与岩土的摩擦角，（°），可按表 5.15 选用；

μ——挡墙底与地基岩土体的摩擦系数，宜由实验确定，也可按表 5.16 选用。

表 5.15　土对挡土墙墙背的摩擦角 δ

挡土墙情况	墙背平滑，排水不良	墙背粗糙，排水良好	墙背很粗糙，排水良好	墙背与填土间不可能滑动
摩擦角 δ	$(0.00 \sim 0.33)\phi$	$(0.33 \sim 0.50)\phi$	$(0.50 \sim 0.67)\phi$	$(0.67 \sim 1.00)\phi$

表 5.16　岩土与挡墙底面摩擦系数 μ

岩土类别		摩擦系数 μ
黏性土	可塑	$0.20 \sim 0.25$
	硬塑	$0.25 \sim 0.30$
	坚硬	$0.30 \sim 0.40$
粉土		$0.25 \sim 0.35$
中沙、粗沙、砾沙		$0.35 \sim 0.40$

续表

岩土类别	摩擦系数 μ
碎石土	0.40 ~ 0.50
极软岩、软岩、较软岩	0.40 ~ 0.60
表面粗糙的坚硬岩、较硬岩	0.65 ~ 0.75

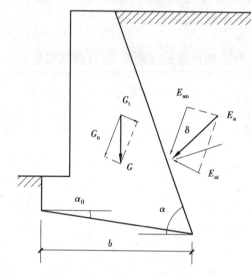

图 5.9　挡土墙抗滑移稳定性验算

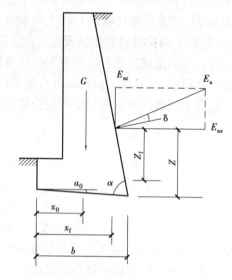

图 5.10　挡土墙抗倾覆稳定性验算

重力式挡墙的抗倾覆稳定性应验算为(见图 5.10)

$$F_t = \frac{Gx_0 + E_{az}x_f}{E_{ax}z_{ft}} \geqslant 1.6 \tag{5.10}$$

$$E_{ax} = E_a \sin(\alpha - \delta) \tag{5.11}$$

$$E_{az} = E_a \cos(\alpha - \delta) \tag{5.12}$$

$$x_f = b - z \cot \alpha \tag{5.13}$$

式中　E_{ax}，E_{az}——挡墙土压力在 x 方向和 z 方向的分量，kN/m；

　　　F_t——挡墙抗倾覆稳定系数；

　　　b——挡墙底面水平投影宽度，m；

　　　x_0——挡墙中心到墙趾的水平距离，m；

　　　z——岩土压力作用点到墙踵的竖直距离，m。

地震工况时，重力式挡土墙的抗滑移稳定系数应不小于 1.1，抗倾覆稳定性系数应不小于 1.3。

抗滑移稳定性和抗倾覆稳定性验算是重力式挡土墙设计中十分重要的一环，上式应得到满足。当抗滑移稳定性不满足要求时，可采取增大挡墙断面尺寸、墙底做成逆坡、换土做沙石垫层等措施，使抗滑移稳定性满足要求。当抗倾覆稳定性不满足要求时，可采取增大挡墙断面尺寸、增长墙趾或改变墙背做法(如在直立墙背上做卸荷台)等措施，使抗倾覆稳定性满足要求。

（3）挡土墙截面强度验算

为保证墙身的安全可靠,要求挡土墙墙身具有足够的强度。设计时,应对墙身强度进行验算。验算的内容包括偏心受压承载力验算和弯曲（受剪）承载力验算。一般可取 1~2 个控制截面进行强度验算,其具体计算应符合现行国家有关标准的规定。

（4）挡土墙基底应力及地基强度验算

重力式挡土墙的基底应力、合力偏心距及地基强度验算与抗滑挡土墙的验算相同,挡土墙的刚度一般较大,基底应力可按直线分布,按偏心受压公式计算。对矩形墙底,可计算为

$$\sigma_{max/min} = \frac{V_k}{B}\left(1 \pm \frac{6e}{B}\right) \tag{5.14}$$

式中　$\sigma_{max/min}$——基底最大和最小压力,kPa;

　　　B——墙底宽度,m;

　　　V_k——作用在基底面上的竖向合力标准值,kN;

　　　e——作用在基底面上的合力标准值作用点的偏心距,m,$e = B/2 - \xi$;一般对岩石地基,$e \leqslant B/6$;对土质地基,$e \leqslant B/4$;

　　　ξ——合力作用点距墙前趾的距离,m,即

$$\xi = \frac{M_R - M_0}{V_k} \tag{5.15}$$

　　　M_R, M_0——竖向合力标准值和倾覆力标准值对墙底面前趾的稳定力矩和倾覆力矩,kN·m。

当 $\xi \leqslant B/3$ 时,σ_{min} 将出现负值,即产生拉应力。但墙底和地基之间不可能承受拉应力,此时基底应力将出现重分布。根据基底应力的合力和作用在挡土墙上的竖向力合力相平衡的条件,得

$$\sigma_{max} = \frac{2V_k}{3\xi}$$

$$\sigma_{min} = 0 \tag{5.16}$$

设计时,要求基底最大应力应小于地基承载力,即

$$\gamma_\sigma \sigma_{max} \leqslant \sigma_\gamma \tag{5.17}$$

式中　σ_γ——地基承载力设计值,kPa。

5.3.4　重力式挡墙构造

重力式挡土墙一般由墙身、基础、排水设施及伸缩缝等组成。

1）墙身构造

墙身构造主要为墙面断面形式选择,墙背倾角 α 的确定,墙面倾角的确定,以及墙顶构造、护栏设置等。

（1）墙背

根据墙背倾斜方向的不同,墙身断面形式可分为俯斜式、仰斜式、垂直式、凸形折线式及衡重式等,如图 5.10 所示。

以俯斜式、垂直式、仰斜式 3 种不同的墙背所受的土压力分析,在其他条件相同时:仰斜墙背所受土压力较小,垂直墙背次之,俯斜墙背所受的土压力最大。因此,仰斜式墙面断面较经

济,且当用作路堑墙时,墙背与开挖的临时边坡较贴合,故开挖量与回填量均较小。凸形折线式墙背,上部俯斜下部仰斜,故其断面较为经济;衡重式墙背可视为在凸形折线式的上下墙设一衡重台。

（2）墙面

通常基础以上的墙面均为平面,墙面坡度除应与墙背的坡度相协调外,还应考虑墙趾处地面的横坡度。

（3）墙顶

对石砌挡墙墙顶有最小宽度的要求,块石或条石挡墙的墙顶宽度宜不小于 400 mm;毛石混凝土、素混凝土挡墙的墙顶宽度宜不小于 2 00 mm。

（4）护栏

当挡墙高度较大时,应根据实际情况设置护栏,如为增加司机心理上的安全感,保证行车安全,路堤挡墙墙顶应设置护栏。

2）基础构造

基础构造主要为基础形式,基础埋深确定。重力式挡墙基底可做成逆坡,挡墙基底做成逆坡对增加挡墙的稳定有利,但基底逆坡坡度过大,将导致墙踵陷入地基中,也会使保持挡墙墙身的整体性变得困难,为避免这一情况,《建筑边坡工程技术规范》（GB 50330—2013）对基底逆坡坡度的限制为:对土质地基,基底逆坡坡度宜不大于 1:10;对岩质地基,基底逆坡坡度宜不大于 1:5。挡墙地基表面纵向坡度大于 5% 时,应将基底设计为台阶式,其最下一级台阶底宽宜不小于 1.00 m。

3）挡土墙基础埋深的确定

重力式挡土墙的基础埋置深度,应根据地基稳定性、地基承载力、冻结深度、水流冲刷情况以及岩石风化程度等因素确定。在土质地基中,基础最小埋置深度宜不小于 0.5 m;在岩质地基中,基础最小埋置深度宜不小于 0.3 m。基础埋置深度应从坡脚排水沟底算起。受水流冲刷时,埋深应从预计冲刷底面算起。

位于斜坡地面的重力式挡土墙,其墙趾最小埋入深度和距斜坡面的最小水平距离应符合表 5.17 的规定。

表 5.17　斜坡地面墙趾最小埋入深度和距斜坡地面的最小水平距离

地基情况	最小埋入深度/m	距斜坡地面的最小水平距离/m
硬质岩石	0.60	0.60 ~ 1.50
软质岩石	1.00	1.50 ~ 3.00
土质	1.00	3.00

注:1. 硬质岩指单轴抗压强度大于 30 MPa 的岩石,软质岩是指单轴抗压强度小于 15 MPa 的岩石。
　2. 对稳定斜坡地面基础埋置条件,其中距斜坡地面水平距离的上下限值的采用,可根据地基的地质情况,斜坡坡度等综合确定。如较完整的硬质岩,节理不发育、微风化的、坡度较缓的,可取上限值 0.6 m;节理发育的、坡度较陡时,可取下限值 1.5 m;对岩石单轴抗压强度在 15 ~ 30 MPa 的岩石,可根据具体环境情况取中间值。

对抗滑挡土墙,一般情况下,其基础必须埋入滑动面以下的完整稳定的岩（土）层中,且应有足够的抗滑、抗剪和抗倾覆的能力;且对基岩不小于 0.5 m,对稳定坚实的土层不小于 2 m,并应置于可能向下发展的滑动面以下,即应考虑设置抗滑挡土墙后因滑坡体受阻,滑动面可能向下伸延。当基础埋置深度较大,墙前有形成被动土压力条件时(埋入密实土层 3 m、中密土层 4 m 以上),可考虑被动土压力的作用。

4)排水设施

挡墙后填土地表应设置排水良好的地表排水系统。地表排水主要是防止地表水渗入墙背填料或地基而造成墙后积水使墙身承受额外的静水压力,消除黏性土填料因含水量增加产生的膨胀压力,减少季节性冰冻地区填料的冻胀压力。可设地面排水沟以截留地表水;夯实回填土顶面和地表松土,以减少雨水和地面水下渗,必要时应加设铺砌,采取封闭处理。

挡墙的防渗与泄水布置应根据地形、地质、环境、水体来源及填料等因素分析确定。墙身排水主要是迅速排除墙后积水,通常是在非干砌的挡墙墙身的适当高度处设置一排或数排泄水孔,如图 5.11 所示。泄水孔尺寸可视泄水量大小分别采用 5 cm × 10 cm,10 cm × 10 cm,15 cm × 20 cm 的方孔,或直径为 5 ~ 10 cm 的圆孔,孔间距一般为 2 ~ 3 m,上下左右交错设置。

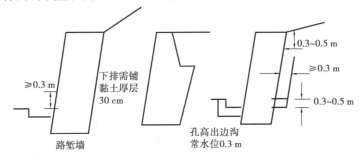

图 5.11   泄水孔与排水层设置与构造

5)沉降伸缩缝

沉降缝与伸缩缝构造主要为防止地基不均匀沉降而设置,主要包括缝宽度和间距。重力式挡墙的伸缩缝间距:对条石、块石挡墙,应采用 20 ~ 25 m;对素混凝土挡墙,宜为 10 ~ 15 m。在挡墙高度突变处及与其他建(构)筑物连接处,应设置伸缩缝;在地基岩土性状变化处,应设沉降缝,缝宽宜为 20 ~ 30 mm,缝中应填塞沥青麻筋或其他有弹性的防水材料,填塞深度应不小于 150 mm。

5.3.5   重力式挡墙施工

1)填料选择

挡墙填料选择应体现安全和经济的原则。挡墙后面的填土,应优先选择抗剪强度高和透水性较强的填料。当采用黏性土作填料时,宜掺入适量的沙砾或碎石,不应采用淤泥质土、耕植土、膨胀性黏土等软弱有害的岩土体作为填料。

对季节性冻土地区,不能用冻胀性材料作为填料。填土必须分层夯实达到要求强度,保证质量。为降低工程造价,选择填料时,宜就近取材,充分利用刷方减载的弃土。必要时,可对弃土进行改善处理,以满足墙后填料的需求。

2)墙身材料选择

墙身材料的选择应与挡土墙的结构形式相适应。对重力式挡墙材料,可使用浆砌块石、条石、毛石混凝土或素混凝土。条石或块石应质地坚实,未风化或弱风化,强度较高,块石、条石的强度等级应不低于 MU30,混凝土的强度等级应不低于 C15,砂浆强度等级应不低于 M5.0。

对锚杆式抗滑挡土墙、板桩式抗滑挡土墙、竖向预应力锚杆式抗滑挡土墙等形式,其墙身材料最好采用混凝土或钢筋混凝土,混凝土强度等级宜不低于 C20。对预应力锚杆的锚固区域,其混凝土等级宜不低于 C30,锚固区域的大小应通过计算合理确定,防止施加预应力时锚固区域被压坏。

对加筋土抗滑挡土墙,其墙身材料一般采用级配良好的砂卵石或级配良好的碎石土作为加筋体部分的填料,筋带最好采用钢塑复合带,加筋挡土墙的面板宜采用钢筋混凝土面板。

3)施工注意事项

①浆砌块石、条石挡墙施工所用砂浆宜采用机械拌和。块石、条石表面应清洗干净,砌筑砂浆填塞应饱满,严禁干砌。

②块石、条石挡墙所用石材的上下面应尽可能平整,块石厚度应不小于 200 mm。挡墙应分层错缝砌筑,墙体砌筑时应不有垂直通缝;且外露面应用 M7.5 砂浆勾缝。

③墙后填土应分层夯实,选料及其密实度均应满足设计要求,填料回填应在砌体或混凝土强度达到设计强度的 75% 以上后进行。

④当填方挡墙墙后地面的横坡坡度大于 1:6 时,应在进行地面粗糙处理后再填土。

⑤重力式挡墙在施工前,应预先设置好排水系统,保持边坡和基坑坡面干燥。基坑开挖后,基坑内不应积水,并应及时进行基础施工。

⑥重力式抗滑挡墙应分段、跳槽施工,即抗滑挡土墙应尽可能在滑坡变形前设置,或在坡脚土体尚未全面开挖前,以较陡的临时边坡分段开挖设置。根据施工过程中建筑物的受力情况,施工时采取"步步为营"分段、跳槽、马口开挖,并及时进行抗滑挡土墙的修建。一般跳槽开挖的长度宜不超过总长的 20%。切忌中途停工或冒进。在雨季施工时,要有切合实际的防范措施,防止雨水的侵蚀加剧滑坡的发展。对变形剧烈的滑坡,宜从两端向中间分段施工,逐段稳定滑坡,减小滑坡规模,控制滑坡运动。要防止大面积开挖(尤其在坡脚)而造成土体滑动,加剧滑坡体运动,影响抗滑的稳定性,甚至破坏已修建的抗滑挡土墙。

⑦挡土墙的基底面应严禁做成顺坡,基底面的倒坡应符合设计要求。

任务5.4 悬臂式挡墙和扶壁式挡墙设计

5.4.1 概述

重力式挡土墙具有构造简一单、施工方便和就地取材等优点。但其稳定性主要靠墙身自身重力来保证,因而墙身断面较大,占地较多,不能充分发挥建筑材料的强度性能,也不易实行施工的机械化与工厂化。轻型挡土墙则常用钢筋混凝土构件组成。墙身断面较小,墙的稳定性不是或不完全是依靠自身重力来维持,因而结构较轻巧,圬工量省,占地较少,有利于机械化施工。轻型挡土墙的类型很多,这里着重介绍悬臂式及扶壁式挡土墙的构造和设计。

悬臂式挡土墙的一般形式如图 5.12 所示。它是由立壁(壁面板)和墙底板(包括墙趾板和墙踵板)组成,呈倒"T"字形,具有 3 个悬臂,即立臂、墙趾板和墙踵。扶壁式挡土墙由墙由墙面板(立壁)、墙趾板、墙踵板及扶肋(扶壁)组成,如图 5.13 所示。当墙身较高时,在悬臂式挡土墙的基础上,沿墙长方向,每隔一定距离加设扶肋,扶肋把立壁同墙踵板连接起来,扶肋起加劲的作用,以改善立壁和墙踵板的受力条件,提高结构的刚度和整体性,减少立壁的变形。

悬臂式和扶壁式挡土墙的结构性是依靠墙身自重力和踵板土方填土的重力来保证,而且墙趾也显著地增大了抗倾覆稳定性,并大大减小了基底应力。它们的主要特点是构造简单,施工方便。墙身断面较小,自身质量小,可较好地发挥材料的强度性能,能适应承载力较低的地基。但是需耗用一定数量的钢材和水泥,特别是墙高较大时,钢材用量急剧增加,影响其经济性能。因此,它们适用于缺乏石料与地基承载力较低的填方地段及地震地区。由于墙踵板的施工条件,因此,一般用于填方路段作路肩墙或路堤墙使用,且墙高 6 m 以内采用悬臂式,6 m 以上则采用扶壁式。对于扶壁式挡墙而言,其墙高宜不超过 10 m。

扶壁式挡土墙宜整体灌注,也可采用拼装,但拼装式扶壁挡墙不宜在地质不良地段和地震烈度大于等于 8 度的地区使用。

悬臂式和扶壁式挡土墙的设计分为确定墙身断面尺寸和钢筋混凝土结构设计两部分。

确定墙身断面尺寸,通常按试算法进行。它包括拟订断面的试算尺寸,计算土压力,以及通过全墙稳定性验算确定踵板和墙趾板的长度。

钢筋混凝土结构设计是对已确定的墙身进行内力计算和配置钢筋。在配筋过程中,往往需要调整截面的厚度。但这种调整对墙身的整体稳定影响不大,可不再进行全墙的稳定验算。

悬臂式挡土墙,一般以一延米为单位进行设计。而扶壁式挡土墙,则以两伸缩缝之间的长度为一节进行设计。每节扶壁式挡土墙包括 2~3 个中间跨和两端的悬臂跨,如图 5.13 所示。

挡土墙墙身的钢筋混凝土结构设计,一般可按允许应力法进行。

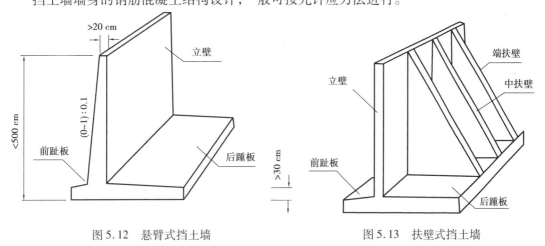

图 5.12 悬臂式挡土墙   图 5.13 扶壁式挡土墙

5.4.2 悬臂式挡墙构造

悬臂式挡土墙(见图 5.12)由力臂和墙底板组成。墙高一般在 6~9 m,且墙高大于 4 m 时,宜在立臂前设置加劲肋。当墙高较大时,立壁下部的弯矩大,钢筋与混凝土用量剧增,影响这种结构形式的经济效果,此时可采用扶壁式挡土墙。

另外,为了增加挡土墙的抗滑稳定性,减少墙踵板的长度,通常在墙踵板的中部设置凸榫(防滑键),如图 5.14 所示。

1)力壁

立壁为锚固于墙底板的悬臂梁。为了便于施工,立壁的背坡一般为竖直,胸坡应根据强度和刚度确定,一般为 1:0.02~1:0.05。墙顶的最小厚度通常采用 15~25 cm,路肩挡土墙宜不小于 20 cm。当墙身较高时,宜在立壁的下部将截面加厚。

2)墙底板

墙底板通常为水平设置。当墙身受抗滑稳定控制时,多采用凸榫基础。

墙底板由墙踵板和墙趾板两部分组成。墙踵板顶面水平,其长度由全墙的抗滑稳定验算确定,并应具有一定的刚度。通常为墙高的 1/12 ~ 1/10,且应不小于 30 cm,墙趾板的长度根据全墙的倾覆稳定、基底应力和偏心距等条件确定。墙趾板与立壁衔接处的厚度与墙踵板相同,朝墙趾方向一般设置向下倾斜的坡度,墙趾端的最小厚度为 30 cm。

3)凸榫

为使凸榫前的土体产生最大的被动土压力,墙后的主动土压力不致因设置凸榫而增加。通常将凸榫置于通过墙趾与水平成 $45° - \phi/2$ 角线和通过墙踵与水平成 ϕ 角线的范围之内,如图 5.14 所示。凸榫的高度应根据凸榫前土体的被动土压力能满足全墙的抗滑稳定要求而定。凸榫的厚度除了满足混凝土的直剪和抗弯的要求外,为了便于施工,还应不小于 30 cm。

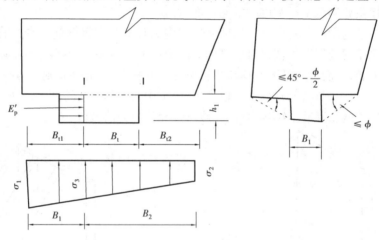

图 5.14 凸榫基础

《建筑边坡工程技术规范》(GB 50330—2013)对悬臂式挡墙和扶壁式挡墙的构造设计内容为:

①悬臂式挡墙和扶壁式挡墙的混凝土强度等级应根据结构承载力和所处环境类别确定,且应不低于 C25。立板和扶壁的混凝土保护层厚度应不小于 35 mm,底板的保护层厚度应不小于 40 mm。受力钢筋直径应不小于 12 mm,间距宜不大于 250 mm。

②悬臂式挡墙截面尺寸应根据强度和变形计算确定,立板顶宽和底板厚度应不小于 200 mm。当墙高度大于 4 m 时,宜加根部翼。

③扶壁式挡墙尺寸应根据强度和变形计算确定,并应符合下列规定:

a. 两扶壁之间的距离宜取挡墙高度的 1/3 ~ 1/2。

b. 扶壁的厚度宜取扶壁间距的 1/8 ~ 1/6,可采用 300 ~ 400 mm。

c. 立板顶端和底板的厚度应不小于 200 mm。

d. 立板在扶壁处的外伸长度,宜根据外伸悬臂固端弯矩与中间跨固端弯矩相等的原则确定,可取两扶壁净距的 0.35 倍左右。

④悬臂式挡墙和扶壁式挡墙结构构件应根据其受力特点进行配筋设计,其配筋率、钢筋的连接和锚固等应符合现行国家标准《混凝土结构设计规范(2015 年版)》(GB 50010—2010)的

有关规定。

⑤当挡墙受滑动稳定控制时,应采取提高抗滑能力的构造措施。宜在墙底下设防滑键,其高度应保证键前土体不被挤出。防滑键厚度应根据抗剪强度计算确定,且应不小于 300 mm。

⑥悬臂式挡墙和扶壁式挡墙位于纵向坡度大于 5%的斜坡时,基底宜做成台阶形。

⑦对软弱地基或填方地基,当地基承载力不满足设计要求时,应进行地基处理或采用桩基础方案。

⑧悬臂式挡墙和扶壁式挡墙的泄水孔设置及构造要求应按相关规定执行。

⑨悬臂式挡墙和扶壁式挡墙纵向伸缩缝间距宜采用 10～15 m。宜在不同结构单元处和地层性状变化处设置沉降缝;沉降缝与伸缩缝宜合并设置。其他要求应符合重力式挡墙的相关规定。

⑩悬臂式挡墙和扶壁式挡墙的墙后填料质量和回填质量应符合重力式挡墙的要求。

任务 5.5　锚杆(索)设计

当采用坡率法、重力式挡墙等设计不能满足规范稳定性或抗倾覆要求,特别是在边坡变形控制要求严格,以及边坡整体稳定性很差时,就需采用锚杆(索)进行拉结。

锚杆是能将张拉力传递到稳定的或适宜的岩土体中的一种受拉杆件(或体系)。锚杆(索)属于岩土锚固技术。它是把一种受拉杆件埋入地层中,以提高岩土自身的强度和自稳能力的一门工程技术。采用这种技术可大大减轻结构物的自重,节约工程材料,并确保工程的安全、适用和经济,故该技术目前在工程中得到极其广泛的应用。在岩土锚固中,有时将锚杆和锚索统称锚杆。

岩土锚固的基本原理是锚杆(索)系统将不稳定边坡岩土体的质量转换为构件的张拉力,并将此拉力传递到稳定的或适宜的岩土体中去,由岩土锚固体和锚杆系统共同承担不稳定边坡岩土体的质量,从而增强边坡的稳定性。

锚杆(索)的使用使锚杆结构与地层连锁在一起形成一种共同工作的复合体,从而有效地承受拉力和剪力。它主要有以下 3 种作用:

①锚杆悬吊作用。锚杆穿过软弱、松动、不稳定的岩土体,锚固在深部稳定的岩土体上,提供足够的拉力,克服滑落岩土体的自重和下滑力,防止洞壁滑移、塌落。

②挤压加固作用。锚杆受力后,在周围一定范围内形成压缩区。将锚杆以适当的方式排列,使相邻锚杆各自形成的压缩区相互重叠形成压缩带。压缩带内的松动地层通过锚杆加固,整体性增强,承载能力提高。

③组合梁(拱)作用。锚杆插入地层内一定深度后,在锚固力作用下的地层间相互挤压,层间摩阻力增大,内应力和挠度大为减小,相当于将简单叠合的数层梁(拱)变成组合梁(拱)。组合梁(拱)的抗弯刚度和强度大为提高,从而增强了地层的承载能力。锚杆提供的锚固力越大,作用越明显。

组成锚杆必须具备下列 3 个因素:

①一个抗拉强度高于岩土体的杆体。

②杆体一端可与岩土体紧密接触形成摩擦(或黏结)阻力。

③杆体位于岩土体外部的另一端能形成对岩土体的径向阻力。

最早使用锚杆的是1911年美国矿山巷道支护中采用的岩石锚杆,1918年西利西安矿山开始使用锚索支护,1934年舍尔法坝采用了预应力锚杆(索),目前各类岩石锚杆已达数百种之多,许多国家和地区先后都制订了锚杆规范或推荐性标准。我国在20世纪50年代开始采用岩石锚杆,60年代开始大量使用锚固技术,特别是在边坡支护、危岩锚固、滑坡整治、洞室加固及高层建筑基础锚杆等工程中广泛应用。例如,我国的世纪工程——三峡工程,其大坝施工中使用了大量锚杆(索)维护开挖的边坡、岩壁。在地下工程中,多采用普通黏结型锚杆和喷射混凝土支护,公路边坡、大型滑坡治理中更多采用预应力锚索加固技术。

5.5.1 锚杆(索)组成与类型

锚杆(索)作为一种深入地层的张拉型构件,它一端与工程构筑物连接,另一端深入地层中。它一般由外锚头、杆体自由段和杆体锚固段组成,如图5.15所示。当采用钢绞线或钢丝束作杆体材料时,可称为锚索,如图5.16所示。为了保证锚杆受力合理、施工方便,有时还需要设置如定位支架、导向帽、架线环、束线环及注浆塞等锚杆配件。

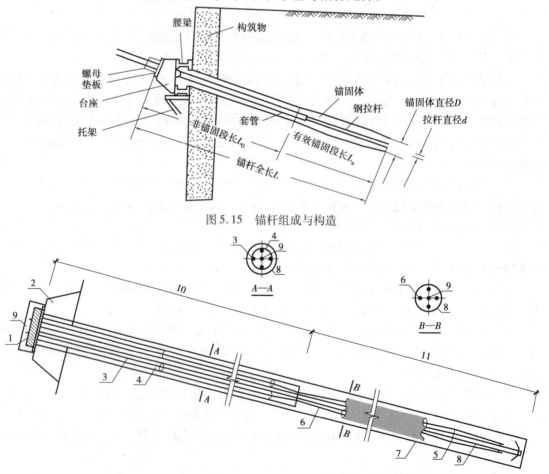

图5.15 锚杆组成与构造

图5.16 永久性拉力型锚索结构图

1—锚具;2—垫座;3—涂塑钢绞线;4—光滑套管;5—隔离架;6—无包裹钢绞线;

7—钻孔壁;8—注浆管;9—保护罩;10—自由段区;11—锚固段区

①外锚头。锚杆外端用于锚固或锁定锚杆拉力的部件。它由垫墩、垫板、锚具、保护帽及外端锚筋等组成。

②锚固段。锚杆远端将拉力传递给稳定地层的部分,锚固长度要求能承受最大设计拉力。其功能是增加锚固体的承压作用,将锚固体与土层的黏结摩擦作用增大。

③自由段。将锚头拉力传至锚固段的中间区段。它由锚拉筋、防腐构造和注浆体组成。其功能是对锚杆施加预应力。

锚杆的分类方法较多,通常可按应用对象,是否预先施加应力,锚固机理,以及锚固形态等进行分类。当采用钢绞线或高强钢丝束作杆体材料时,锚杆也称锚索。锚固于土层中的锚杆,称为土层锚杆;锚固于岩层中的锚杆,称为岩层锚杆。施加了一定预拉应力的锚杆,称为预应力锚杆;未施加预应力的锚杆,称为非预应力锚杆。

1)按照应用对象分类

按应用对象,可分为岩层锚杆(索)和土层锚杆(索)。岩层锚杆是指内锚段锚固于各类岩层中的锚杆,而自由段可位于岩层或土层中;土层锚杆是指锚固于各类土层中的锚杆,其构造、设计、施工与岩石锚杆有共同点也有其特殊性。

2)按是否预先施加应力分类

按是否预先施加应力,可分为预应力锚杆(索)和非预应力锚杆(索)。非预应力锚杆是指锚杆锚固后不施加外力,锚杆处于被动受载状态;非预应力锚杆通常采用Ⅱ,Ⅲ级螺纹钢筋,锚头较简单,如板肋式锚杆挡墙、锚板护坡等结构中通常采用非预应力锚杆。锚头最简单的做法就是将锚筋作成直角弯钩并浇注于面板或肋梁中。预应力锚杆是指锚杆锚固后施加一定的外力,使锚杆处于主动受载状态;预应力锚杆在锚固工程中占有重要地位,图5.26是典型的预应力锚杆(索)结构示意图。预应力锚杆的设计与施工比非预应力锚杆复杂,其锚筋一般采用精轧螺纹钢筋($\phi25 \sim \phi32$)或钢绞线,目前在公路滑坡处治中广泛采用预应力锚索加固技术。

3)按锚固形态及锚固机理分类

按锚固形态,可分为圆柱形锚杆、端部扩大型锚杆(索)和连续球形锚杆(索)。

(1)圆柱形锚杆

圆柱形锚杆是国内外早期开发的一种锚杆形式。这种锚杆可预先施加预应力而成为预应力锚杆,也可以是非预应力锚杆。锚杆的承载力主要依靠锚固体与周围岩土介质间的黏结摩阻强度提供。这种锚杆适用于各类岩石和较坚硬的土层,一般不在软弱黏土层中应用,因软黏土中的黏结摩阻强度较低,往往很难满足设计抗拔力的要求,一般所指锚杆即为圆柱形锚杆。

(2)端部扩大头型锚杆

端部扩大头型锚杆如图5.17所示,是为了提高锚杆的承载力而在锚固段最底端设置扩大头的锚杆,锚杆的承载力由锚固体与土体间的摩阻强度和扩大头处的端承强度共同提供。因此,在相同的锚固长度和锚固地层条件下端部扩大头型锚杆的承载力远比圆柱形锚杆为大。这种锚杆较适用于黏土等软弱土层以及比邻地界限制土锚长度不宜过长的土层和一般圆柱形锚杆无法满足要求的情况。端部扩大头型锚杆可采用爆破或叶片切削方法进行施工。

(3)连续球形锚杆

连续球形锚杆如图5.18所示,是利用设于自由段与锚固段交界处的密封袋和带许多环圈的套管(可进行高压灌浆,其压力足以破坏具有一定强度5.0 MPa的灌浆体),对锚固段进行二次或多次灌浆处理,使锚固段形成一连串球状体,从而提高锚固体与周围土体之间的锚固强度。这种锚杆一般适用于淤泥、淤泥质黏土等极软土层或对锚固力有较高要求的土层锚杆。

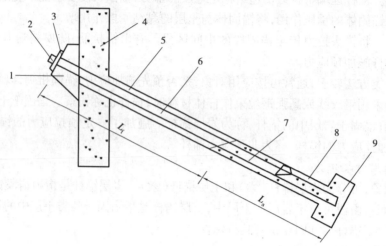

图 5.17　端部扩大头型锚杆

1—台座;2—锚具;3—承压板;4—支挡结构;5—钻孔;6—自由隔离层;7—钢筋;

8—注浆体;9—端部扩大头;L_f—自由段长度;L_a—自由段长度

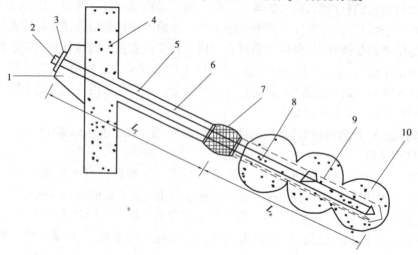

图 5.18　连续球形锚杆

1—台座;2—锚具;3—承压板;4—支挡结构;5—钻孔;6—自由隔离层;7—止浆密封装置;

8—预应力筋;9—注浆导管;10—锚固体;L_f—自由段长度;L_a—自由段长度

　　根据锚固段灌浆体受力的不同,可分为拉力型、压力型和荷载分散型(拉力分散型与压力分散型)等,如图 5.19 所示。

　　除此之外,锚杆按锚固机理还可分为有黏结锚杆、摩擦型锚杆、端头锚固型锚杆及混合型锚杆。目前,在边坡加固工程中,广泛采用锚钉也是一种较短的黏结型锚杆。它是通过在边坡中埋入段而密的黏结型锚杆使锚杆与坡体形成复合体系,增强边坡的稳定性。这种锚杆一般适用于土质地层和松散的岩石地层。

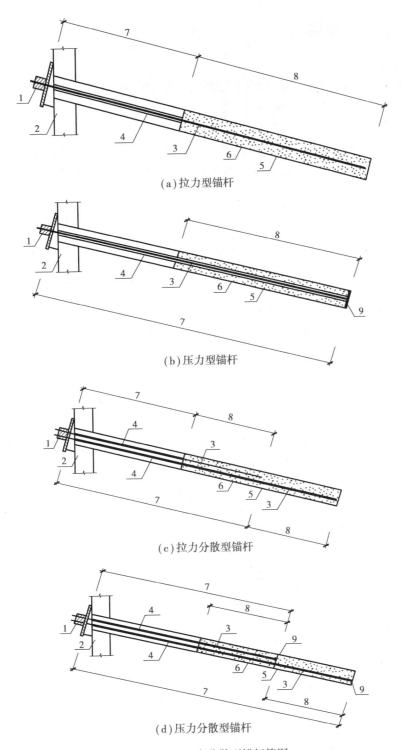

(a)拉力型锚杆

(b)压力型锚杆

(c)拉力分散型锚杆

(d)压力分散型锚杆

图 5.19　压力分散型锚杆简图

1—锚头;2—支护结构;3—杆体;4—保护套管;5—锚杆钻孔;6—锚固段灌浆体;

7—自由段区;8—锚固段区;9—承载板(体)

5.5.2 锚杆(索)结构设计

1)一般规定

①当边坡工程采用锚杆方案或包含有锚固措施时,应充分考虑锚杆的特性、锚杆与被锚固结构体系的稳定性、经济性以及施工可行性。设计的锚杆必须达到所设计的锚固力要求,防止边坡滑动剪断锚杆。非预应力锚杆长度一般不超过 16 m,单锚设计吨位一般为 100 ~ 400 kN,最大设计荷载一般不超过 450 kN。预应力锚杆(索)长度一般不超过 50 m,单束锚索设计吨位一般为 500 ~ 2 500 kN,最大设计荷载一般不超过 3 000 kN,预应力锚索的间距一般为 4 ~ 10 m。

②锚杆设计使用年限应与所服务的边坡工程设计使用年限相同,其防腐等级应达到相应的要求。

③遇到边坡变形控制要求严格、边坡在施工期稳定性很差、高度较大的土质边坡采用锚杆支护、高度较大且存在外倾软弱结构面的岩质边坡采用锚杆支护以及滑坡整治采用锚杆支护等情况,宜采用预应力锚杆。

当坡顶边缘附近有重要建(构)筑物时,一般不允许支护结构发生较大变形。此时,采用预应力锚杆能有效控制支护结构及边坡的变形量,有利于建(构)筑物的稳定。对施工期稳定性较差的边坡,采用预应力锚杆减少变形同时增加边坡滑裂面上的正应力及阻滑力,有利于边坡的稳定。

④锚杆的锚固段不应设置在未经处理的有机质土、淤泥质土、液限 $\omega_L > 50\%$ 的土层、松散的沙土或碎石土等岩土层中。

⑤采用新工艺、新材料或新技术的锚杆(索)、无锚固工程经验的岩土层内的锚杆(索)和一级边坡工程的锚杆(索),应根据《建筑边坡工程技术规范》(GB 50330—2013)附录 C 规定进行锚杆实验。

⑥锚杆(索)的形式应根据锚固段岩土层的工程特性、锚杆(索)承载力大小、锚杆(索)材料与长度以及施工工艺等因素综合考虑,可按《建筑边坡工程技术规范》(GB 50330—2013)附录 D(见表 5.18)锚杆选型。

表 5.18 锚杆选型

锚杆类别	锚杆特征				
	材 料	锚杆轴向拉力 N_{ak}/kN	锚杆长度 /m	应力状况	备 注
土层锚杆	普通螺纹钢筋	<300	<16	非预应力	锚杆超长时,施工安装难度较大
	钢绞线,高强钢丝	300 ~ 800	>10	预应力	锚杆超长时,施工方便
	预应力螺纹钢筋(直径 18 ~ 25 mm)	300 ~ 800	>10	预应力	杆体防腐性好,施工安装方便
	无黏结钢绞线	300 ~ 800	>10	预应力	压力型、压力分散型锚杆

锚杆类别	锚杆特征				
	材 料	锚杆轴向拉力 N_{ak}/kN	锚杆长度 /m	应力状况	备 注
岩层锚杆	普通螺纹钢筋	<300	<16	非预应力	锚杆超长时,施工安装难度较大
	钢绞线,高强钢丝	300~3 000	>10	预应力	锚杆超长时,施工方便
	预应力螺纹钢筋 (直径25~32 mm)	300~1 100	>10	预应力或非预应力	杆体防腐性好,施工安装方便
	无黏结钢绞线	300~3 000	>10	预应力	压力型、压力分散型锚杆

2)锚杆(索)的设计程序

在锚杆(索)设计之前,应查明边坡的地质结构特征和破坏方式,并分析采用锚杆方案的可行性与经济性。锚杆设计计算程序和内容为:计算作用在支挡结构上的侧压力,根据侧压力大小和边坡实际情况选择合理的锚杆形式,确定锚杆数量、布置形式、承载力设计值,计算锚筋截面、选择锚筋材料和数量。在确定锚筋后,按照锚筋承载力设计值进行锚固体设计(包括锚固段长度、锚固体直径、注浆材料和工艺等)。如果采用预应力锚杆,还要确定预应力张拉值和锁定值,并给出张拉程序。最后是进行外锚头和防腐构造设计,并给出施工建议、试验、验收和监测要求。

在《建筑边坡工程技术规范》(GB 50330—2013)规定的锚杆设计顺序及内容如图5.20所示。

3)锚杆(索)设计与计算

(1)锚杆(索)锚固设计荷载的确定

锚杆(索)锚杆锚固设计荷载应根据边坡的推力大小和支护结构的类型综合考虑进行确定。首先应计算边坡的推力或侧压力,然后根据支挡结构的形式,计算该边坡要达到稳定需要锚固提供的支撑力。根据这个支撑力和锚杆数量、布置,便可确定出锚杆(索)锚固荷载的大小,该荷载的大小作为锚筋截面计算和锚固体设计的重要依据。

锚杆(索)轴向拉力设计值可计算为

$$N_a = \gamma_Q N_{ak} \tag{5.18}$$

式中 N_a——锚杆所受轴向拉力设计值,kN;

N_{ak}——锚杆所受轴向拉力标准值,kN;

γ_Q——荷载分项系数,取1.3,当可变荷载较大时,按荷载规范确定,(°)。

《建筑边坡工程技术规范》(GB 50330—2013)规定,锚杆(索)轴向拉力标准值应计算为

$$N_{ak} = \frac{H_{tk}}{\cos \alpha} \tag{5.19}$$

式中 N_{ak}——相应于作用的标准组合时锚杆所受轴向拉力,kN;

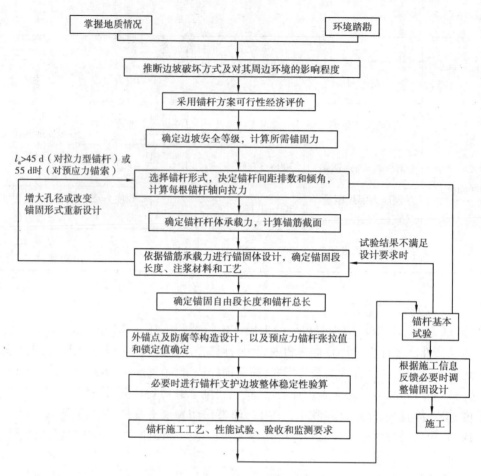

图 5.20　锚杆设计顺序及内容

H_{tk}——锚杆水平拉力标准值;

α——锚杆倾角,(°)。

(2)锚杆(索)钢筋截面积的计算

据所计算出来的锚杆轴向拉力标准值 N_{ak},则可初步计算出锚杆要达到 N_{ak} 所需的锚筋截面面积。《建筑边坡工程技术规范》(GB 50330—2013)规定,锚杆(索)钢筋截面面积应满足下列公式的要求:

普通钢筋锚固

$$A_s \geqslant \frac{K_b N_{ak}}{f_y}$$ (5.20)

预应力钢筋锚固

$$A_s \geqslant \frac{K_b N_{ak}}{f_{py}}$$ (5.21)

式中　A_s——锚杆钢筋或预应力锚索截面面积,m^2;

f_y,f_{py}——普通钢筋或预应力钢绞线抗拉强度设计值,kPa;

K_b——锚杆杆体抗拉安全系数,应按表 5.19 取值,(°)。

表 5.19 锚杆杆体抗拉安全系数

边坡工程安全系数	安全系数	
	临时性锚杆	永久性锚杆
一级	1.8	2.2
二级	1.6	2.0
三级	1.4	1.8

（3）锚杆（索）锚固段长度计算

《建筑边坡工程技术规范》（GB 50330—2013）规定，锚杆（索）锚固体与岩土层间的长度应满足

$$l_a \geq \frac{KN_{ak}}{\pi D f_{rbk}} \tag{5.22}$$

式中　K——锚杆锚固体抗拔安全系数，按表 5.20 取值；

l_a——锚杆锚固段长度，m，尚应满足《建筑边坡工程技术规范》（GB 50330—2013）的构造要求；

f_{rbk}——岩土层与锚固体极限黏结强度标准值，kPa，应通过试验确定；当无试验资料时可按表 5.21、表 5.22 取值；

D——锚杆锚固段钻孔直径，mm。

表 5.20 岩土锚杆锚固体抗拔安全系数 K

边坡工程安全系数	安全系数	
	临时性锚杆	永久性锚杆
一级	2.0	2.6
二级	1.8	2.4
三级	1.6	2.2

表 5.21 岩石与锚固体极限黏结强度标准值 f_{rbk}

岩石类别	标准值/kPa
极软岩	270 ~ 360
软岩	360 ~ 760
较软岩	760 ~ 1 200
较硬岩	1 200 ~ 1 800
硬岩	1 800 ~ 2 600

注：1. 适用于注浆强度等级为 M30。

2. 仅适用于初步设计，施工时应通过试验检验。

3. 岩体结构面发育时，取表中下限值。

4. 岩石类别根据天然单轴抗压强度 f_r 划分：$f_r < 5$ MPa，为极软岩；5 MPa $\leq f_r < 15$ MPa，为软岩；15 MPa $\leq f_r < 30$ MPa，为较软岩；30 MPa $\leq f_r < 60$ MPa，为较硬岩；$f_r \geq 60$ MPa，为坚硬岩。

表 5.22   土体与锚固体极限黏结强度标准值 f_{rbk}

土层种类	土的状态	标准值/kPa
黏性土	坚硬	65 ~ 100
	硬塑	50 ~ 65
	可塑	40 ~ 50
	软塑	20 ~ 40
砂土	稍密	100 ~ 140
	中密	140 ~ 200
	密实	200 ~ 280
碎石土	稍密	120 ~ 160
	中密	160 ~ 220
	密实	220 ~ 300

注:1. 适用于注浆强度等级为 M30。

  2. 仅适用于初步设计,施工时应通过试验检验。

(4)锚杆(索)杆体与砂浆锚固长度计算

《建筑边坡工程技术规范》(GB 50330—2013)规定,锚杆(索)杆体与砂浆间的锚固长度应满足

$$l_a \geqslant \frac{K N_{ak}}{n \pi d f_b} \tag{5.23}$$

式中 l_a——锚筋与砂浆间的锚固段长度,m;

       d——锚筋直径,m;

       n——杆体(钢筋、钢绞线)根数,根;

       f_b——钢筋与锚固砂浆之间的黏结强度标准值,kPa,应由试验确定,当缺乏试验资料时可按表 5.23 取值。

表 5.23   钢筋、钢绞线与砂浆之间的黏结强度设计值 f_b

锚杆类型	水泥浆或水泥砂浆强度等级		
	M25	M30	M35
水泥砂浆与螺纹钢筋间的黏结强度设计值 f_b	2.10	2.40	2.70
水泥砂浆与钢绞线、高强钢丝间的黏结强度设计值 f_b	2.75	2.95	3.40

注:1. 当采用两根钢筋点焊成束的做法时,黏结强度应乘 0.85 折减系数。

  2. 当采用 3 根钢筋点焊成束的做法时,黏结强度应乘 0.7 折减系数。

  3. 成束钢筋的根数应不超过 3 根,钢筋截面总面积应不超过锚孔面积的 20%。当锚固段钢筋和注浆材料采用特殊设计,并经试验验证锚固效果良好时,可适当增加锚筋用量。

计算中,永久性锚杆抗震验算时,其安全系数应按 0.8 折减。

（5）锚杆弹性变形计算

锚杆（锚索的）弹性变形和水平刚度系数应由锚杆抗拔试验确定。当无试验资料时，自由段无黏结的岩石锚杆水平刚度系数 K_h 及自由段无黏结的土层锚杆水平刚度系数 K_t 可进行估算，即

$$K_h = \frac{AE_s}{l_f}\cos^2\alpha \qquad (5.24)$$

$$K_t = \frac{3AE_sE_cA_c}{3l_fE_cA_c + E_sAl_a}\cos^2\alpha \qquad (5.25)$$

式中　K_h——自由段无黏结的岩石锚杆水平刚度系数，kN/m；

　　　K_t——自由段无黏结的土层锚杆水平刚度系数，kN/m；

　　　l_f——锚杆无黏结自由段长度，m；

　　　l_a——锚杆锚固段长度，特指锚杆体与锚固体黏结的长度，m；

　　　E_s——杆体弹性模量，kN/m²；

　　　E_m——注浆体弹性模量，kN/m²；

　　　E_c——锚固体组合弹性模量，kN/m²，即

$$E_c = \frac{AE_s + (A_c - A)E_m}{A_c}$$

　　　A——杆体截面面积，m²；

　　　A_c——锚固体截面面积，m²；

　　　α——锚杆倾角，（°）。

自由段无黏结的非预应力岩石锚杆的受拉变形基本上是自由段钢筋的弹性变形。其水平变形可计算为

$$\delta_h = \frac{H_{ik}}{K_h} \qquad (5.26)$$

式中　δ_h——锚杆水平变形，m；

　　　H_{ik}——锚杆所受水平拉力标准值，kN；

　　　K_h——锚杆水平刚度系数，kN/m。

预应力岩石锚杆和全黏结岩石锚杆可按刚性拉杆考虑。

锚杆设计宜先按式（5.20）和式（5.21）计算所用锚杆钢筋的截面积，选择每根锚杆实配的钢筋根数、直径和锚孔直径，再用选定的锚孔直径按式（5.22）确定锚固体长度 l_a。此时，锚杆（索）承载力极限值 $N = A_sf_y(A_sf_{py})$ 或 $\pi Df_{rbki}l_a$ 的较小值。然后再用选定的锚杆钢筋面积按式（5.22）和式（5.23）确定锚杆杆体的锚固长度 l_a。

锚杆杆体与锚固体材料之间的锚固力一般高于锚固体与土层间的锚固力。因此，土层锚杆锚固段长度计算结果一般均由式（5.22）控制。

极软岩和软质岩中的锚固破坏一般发生于锚固体与岩层之间，硬质岩中的锚固端破坏可发生在锚杆杆体与锚固体材料之间。因此，岩石锚杆锚固段长度应分别按式（5.22）和式（5.23）计算，取其中大值。

表5.23主要根据重庆及国内其他地方的工程经验，并结合国外有关标准而定；表5.24数值主要参考现行国家标准《岩土锚杆与喷射混凝土支护工程技术规范》（GB 50086—2015）及

国外有关标准确定。锚杆极限承载力标准值由基本试验确定,对于二、三级边坡工程中的锚杆,其极限承载力标准值也可由地层与锚固体黏结强度标准值与其两者的接触表面积的乘积来估算。

自由段作无黏结处理的非预应力岩石锚杆受拉变形主要是非锚固段钢筋的弹性变形,岩石锚固段理论计算变形值或实测变形值均很小。根据重庆地区大量现场锚杆锚固段变形实测结果统计,砂岩、泥岩锚固性能较好,$3\phi25$ 四级精轧螺纹钢,用 M30 级砂浆锚入整体结构的中风化泥岩中 2 m 时,在 600 kN 荷载作用下锚固段钢筋弹性变形仅为 1 mm 左右。因此,非预应力无黏结岩石锚杆的伸长变形主要是自由段钢筋的弹性变形。其水平刚度可近似按式(5.24)估算。

自由段无黏结的土层锚杆主要考虑锚杆自由段和锚固段的弹性变形。其水平刚度系数可近似按式(5.25)估算。

预应力岩石锚杆由于预应力的作用效应,锚固段变形极小。当锚杆承受的拉力小于预应力值时,整根预应力岩石锚杆受拉变形值都较小,可忽略不计。全黏结岩石锚杆的理论计算变形值和实测值也较小,可忽略不计,故可按刚性拉杆考虑。

5.5.3 锚杆(索)原材料与构造设计

1)锚杆原材料

锚固工程原材料性能应符合现行有关产品标准的规定,应满足设计要求,方便施工,且材料之间不应产生不良影响。

锚杆(索)杆体可使用普通钢材、精轧螺纹钢、钢绞线(包括无黏结钢绞线和高强钢丝),其材料尺寸和力学性能应符合《建筑边坡工程技术规范》(GB 50330—2013)附录 F 的规定,不宜采用镀锌钢材。

2)锚杆构造设计

锚杆总长度应为锚固段、自由段和外锚段的长度之和。同时,应符合下列规定:

①锚杆自由段长度应为外锚头到潜在滑裂面的长度;预应力锚杆自由段长度应不小于5.0 m,且应超过潜在滑裂面1.5 m。

②锚杆锚固段长度应按式(5.22)和式(5.23)进行计算,并取其中大值。同时,土层锚杆的锚固长度应不小于 4.0 m,并宜不大于 10.0 m;岩石锚杆的锚固段长度应不小于 3.0 m,且宜不大于 45D 和 6.5 m,预应力锚索宜不大于 55D 和 8.0 m。

③位于软质岩中的预应力锚索,可根据地区经验确定最大锚固长度。

④当计算锚固段长度超过构造要求长度时,应采取改善锚固段岩土体质量、压力灌浆、扩大锚固段直径,以及采用荷载分散型锚杆等技术措施,提高锚杆承载能力。

规定锚固段设计长度取值的上限值和下限值,是为保证锚固效果安全、可靠,使计算结果与锚固段锚固体和地层间的应力状况基本一致并达到设计要求的安全度。

日本有关锚固工法介绍的锚固段锚固体与地层间锚固应力分布如图5.21所示。

由于灌浆体与岩土体和杆体的弹性特征值不一致,因此,当杆体受拉后黏结应力并非沿纵向均匀分布,而是出现图示5.21 Ⅰ应力集中现象。当锚固段过长时,随着应力不断增加从靠近边坡面处锚固端开始,灌浆体与地层界面的黏结逐渐软化或脱开,此时可发生裂缝沿界面向深部发展现象(见图5.21 Ⅱ)。随着锚固效应弱化,锚杆抗拔力并不与锚固长度增加成正比

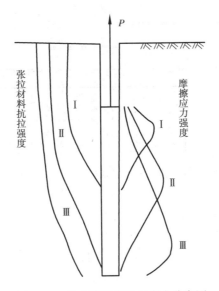

图 5.21　拉力型锚杆锚固应力分布图

Ⅰ—锚杆工作阶段应力分布图；

Ⅱ—锚杆应力超过工作阶段面,变形增大时应力分布图；

Ⅲ—锚固段处于破坏阶段时应力分布力

（见图 5.21Ⅲ）。由此可知,计算采用过长的增大锚固长度,并不能有效提高锚固力,公式 $l_a \geqslant KN_{ak}/(\pi Df_{rbk})$ 的应用必须限制计算长度的上限值,国外有关标准规定计算长度不超过 10 m。实际工程中,考虑锚杆耐久性和对岩土体加固效应等因素,锚杆实际锚固长度可适当加长。

反之,锚固段长度设计过短时,由于实际施工期锚固区地层局部强度可能降低,或岩体中存在不利组合结构面时,锚固段被拔出的危险性增大,为确保锚固安全度的可靠性,国内外有关标准均规定锚固段构造长度不得小于 3.0~4.0 m。

大量的工程试验证实,在硬质岩和软质岩中,中、小级承载力锚杆在工作阶段锚固段应力传递深度为 1.5~3.0 m(12~20 倍钻孔直径),三峡工程锚固于花岗岩中 3 000 kN 级锚索工作阶段应力传递深度实测值约为 4.0 m(约 25 倍孔径)。

综上所述,《建筑边坡工程技术规范》(GB 50330—2013)根据大量锚杆试验结果及锚固段设计安全度及构造需要,提出锚固段的设计计算长度应满足构造设计的要求。

当计算锚固段长度超过限值时,可采取锚固段压力灌浆(二次劈裂灌浆)方法加固锚固段周围土体、提高土体与锚固体黏结摩阻力,以获得更高单位长度锚固段抗拔承载力。一般情况下,采取压力灌浆方法可提高锚固力 1.2~1.5 倍。此外,还可采用改变锚固体形式的方法即荷载分散型锚杆。荷载分散型锚杆是在同一个锚杆孔内安装几个单元锚杆,每个单元锚杆均有各自的锚杆杆体、自由段和锚固段。承受集中拉力荷载时,各个不同的单元锚杆锚固段分别承担较小的拉力荷载,使锚杆锚固段上黏结应力大大减小且相应于整根锚杆分布均匀,能最大限度地调用整个加固范围内土层强度。可根据具体锚杆孔直径大小与承载力要求设置单元锚杆个数,使锚杆承载力可随锚固段长度的增加正比例提高,满足使用要求。此外,压力分散型锚杆还可增加防腐能力,减小预应力损失,特别适用于相对软弱又对变形及承载力要求较高的岩土体。锚固应力分布如图 5.22 所示。

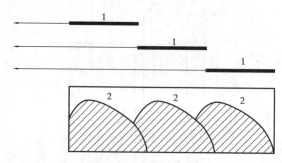

图 5.22　荷载分散型锚杆锚固应力分布图

1—单元锚杆;2—黏摩阻力

锚杆的钻孔直径应符合下列规定:

①钻孔内的锚杆钢筋面积不超过钻孔面积的 20%。

②钻孔内的锚杆钢筋保护层厚度:对永久性锚杆,应不小于 25 mm;对临时性锚杆,应不小于 15 mm。

锚杆的倾角宜采用 10°~30°,并应避免对相邻构筑物产生不利影响。

锚杆轴线与水平面的夹角小于 10°后,锚杆外端灌浆饱满度难以保证。因此,建议夹角一般不小于 10°。由于锚杆水平抗拉力等于拉杆强度与锚杆倾角余弦值的乘积。锚杆倾角过大时锚杆有效水平拉力下降过多,同时将对锚肋作用较大的垂直分力,该垂直分力在锚肋基础设计时不能忽略,同时对施工期锚杆挡墙的竖向稳定不利。因此,锚杆倾角宜为 10°~35°。

锚杆的安设角度需要考虑邻近状况、锚固地层位置和施工方法。实际工程中,应根据锚固地层的位置选择合适的安设角度。

对预应力锚索,可根据两种方法综合确定最优锚固角。

①理论分析表明,锚索满足下式是最经济的,即

$$\beta = \theta - \left(45° + \frac{\phi}{2}\right)$$

式中　β——锚索最优锚固角;

　　　θ——滑面倾角;

　　　ϕ——滑面内摩擦角。

②对注浆锚索,根据经验,锚固角度必须大于 11°,否则须增设止浆环进行压力注浆。

锚杆的布置与安设角度原则上应根据实际地层情况以及锚杆与其他支挡结构联合使用的具体情况确定。

锚杆隔离架(对中支架)应沿锚杆轴线方向每隔 1~3 m 设置一个。对土层,应取小值;对岩层,可取大值。

5.5.4　锚杆(索)施工

锚杆施工包括施工准备、造孔、锚杆制作与安装、注浆、锚杆锁定与张拉 5 个环节。

1)施工前的准备工作

锚杆施工前,应做好下列准备工作:

①应掌握锚杆施工区建(构)筑物基础、地下管线等情况。

②应判断锚杆施工对邻近建筑物和地下管线的不良影响,并拟订相应预防措施。

③制订符合锚杆设计要求的施工组织设计,并应检验锚杆的制作工艺和张拉锁定方法与设备,确定锚杆注浆工艺并标定注浆设备。

④应检查原材料的品种、质量和规格型号,以及相应的检验报告。

施工前的准备工作应重点做好施工前的调查和施工组织设计工作。施工前的调查是为施工组织设计提供必要资料。其内容有:

①锚固工程计划、设计图、边坡岩土性状等资料是否齐全。

②施工场地调查,施工对交通的影响情况,对新建中的公路可不考虑。

③施工用水、用电条件调查。

④边坡工程周边可能对施工造成影响的各种状态调查。

⑤对城区公路边坡,考虑施工噪声、排污的影响。

⑥掌握作业限制、环保法规或地方法令对施工造成的影响。

⑦其他条件的调查,如施工用便道、气象、安全等条件。

在对上述内容作调查,并掌握详细资料后,应制订施工组织设计,确定施工方法、施工程序、使用机械、工程进度、质量管理及安全管理等事项。锚杆施工管理程序图如图 5.23 所示。

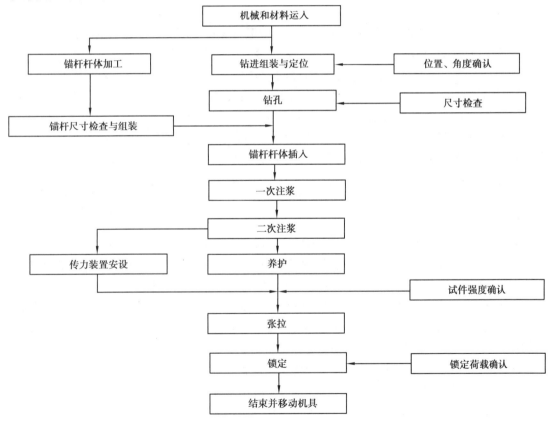

图 5.23   锚杆施工管理程序示意图

2)造孔

锚杆(索)施工的第一步就是按照施工图的要求钻孔,钻孔是锚固工程费用最高、工期较长的作业,因而是影响锚固工程经济效益的重要因素。锚杆钻孔应满足设计要求的孔径、长度和倾角,采用适宜的钻孔方法确保精度,使后续的杆体插入和注浆作业能顺利进行。一般要求如下：

①在钻机安放前,应按照施工设计图采用经纬仪进行测量放线确定孔位以及锚孔方位角,并作出标记。一般要求锚孔入口点水平方向误差应不大于 50 mm,垂直方向误差应不大于 100 mm。边坡规范要求锚孔定位偏差宜不大于 20 mm。

②确定孔位后,根据实际地层及钻孔方向选取适当的钻孔机具,并确定机座水平定位和立轴倾角(即锚孔倾角),钻机立轴的倾角与钻孔的倾角应尽量相吻合,其允许的误差只能是岩心管倾角略大于立轴倾角,不允许有反向的偏差出现。开孔后,尽量保持良好的钻进导向。在钻进过程中,根据实际地层变化情况,随时调整钻进参数,以防止造成孔斜偏差。边坡规范要求锚孔偏斜度应不大于 2%。

③在边坡锚固的钻孔过程中,应注意岩芯的拾取,并尽量提高岩芯采取率,以求不断地准确地划分地层、确定不稳定岩土体厚度,判断断裂破碎带、滑移面、软弱结构面的位置和厚度,从而验证设计所依据的地勘资料,必要时修改设计。锚孔深度应超过设计长度 0.5 ~ 1.0 m,同时锚孔锚固段必须进入中风化或更坚硬的岩层,深度一般不得小于 5 m。边坡规范钻孔深度超过锚杆设计长度应不小于 0.5 m。

3)锚杆制作与安装

在锚杆制作上,棒式锚杆的制作十分简单。一般首先按要求的长度切割钢筋,并在外露端加工成螺纹以便安放螺母;然后在杆体上每隔 2 ~ 3 m 安放隔离件,以使杆体在孔中居中;最后对杆体按要求进行防腐处理,这样棒式锚杆的制作便完成。而对多股钢绞线的锚杆(见图 5.26)制作较复杂,其锚固段的钢绞线呈波浪形,自由段的钢绞线必须进行严格的防护处理。对各种形式的锚杆,总的要求如下：

①严格按照设计进行钢筋(或钢绞线)选材。对进场的钢筋或钢绞线必须验明其产地、生产日期、出厂日期、型号,并核实生产厂家的资质证书及其各项力学性能指标。同时,需进行抽样检验,以确保其各项参数达到锚固施工要求。对预应力锚固结构,优先选用高应力、低松弛的钢绞线,保证其与混凝土有足够的黏结力(握裹力),同时应保证预应力损失后仍能建立较高的预应力值。

②严格按照设计长度进行下料。对进场钢筋经检验达到上述技术要求后,即可进行校直、出锈处理,然后按照施工设计长度进行断料,其长度误差应不大于 50 mm。一般实际长度应大于计算长度的 0.3 ~ 0.5 m,但不可下得过短,以致无法锁定或给后续施工带来不便。

③锚杆组装可在严格管理下由熟练人员在工地制作。对 Ⅱ、Ⅲ 级钢筋连接时,宜采用对接焊或双面搭接焊,焊接长度应不小于 8 倍钢筋直径,精轧螺纹钢筋定型套筒连接。锚杆自由段必须按照设计做防腐处理和定位处理。

④锚束放入钻孔之前,应检查孔道是否阻塞,查看孔道是否清理干净,并检查锚索体的质量,确保锚束组装满足设计要求。安放锚束时,应防止锚束扭压、弯曲,注浆管宜随锚体一同放入钻孔,注浆管端部距管底宜为 50 ~ 100 mm,锚束放入角度应与钻孔角度保持一致。在入孔过程中,注意避免移动对中器,避免自由长度段无黏结护套或防腐体系出现损伤。锚束插入孔内深度应不小于锚束长度的 95%。

对预应力锚杆锚头承压板及其安装,根据《建筑边坡工程技术规范》(GB 50330—2013),预应力锚杆锚头承压板及其安装应符合下列规定：

①承压板应安装平整、牢固,承压面应与锚孔轴线垂直。

②承压板底部的混凝土应填充密实,并满足局部抗压强度要求。

4)注浆

锚固的注浆是锚杆施工过程中的一个重要环节。注浆质量的好坏将直接影响锚杆的承载能力。锚孔一般采用水泥浆或水泥砂浆灌注,浆液的拌和成分、质量和关注方式在很大程度上决定了锚杆的黏结强度和防腐效果。因此,在锚杆注浆施工应严格把握浆材质量、浆液性能、注浆工艺及注浆质量。

《建筑边坡工程技术规范》(GB 50330—2013)规定,锚杆的灌浆应符合下列规定:

①灌浆前应清孔,排放孔内积水。

②注浆管宜与锚杆同时放入孔内;向水平孔或下倾孔内注浆时,注浆管出浆口应插入距孔底 100~300 mm 处,浆液自下而上连续灌注;向上倾斜的钻孔内注浆时,应在孔口设置密封装置。

③孔口溢出浆液或排气管停止排气并满足注浆要求时,可停止注浆。

④根据工程条件和设计要求确定灌浆方法和压力,确保钻孔灌浆饱满和浆体灌注密实。

⑤浆体强度检验用试块的数量每 30 根锚杆应不少于一组,每组试块应不少于 6 个。

5)锚杆锁定与张拉

锚杆锁定与张拉的目的是通过张拉设备使锚杆杆体自由段产生弹性变形,从而对锚固结构施加所需求的预应力值。在张拉过程中,应注重张拉设备选择、标定、安装、张拉荷载分级、锁定荷载以及量测精度等方面的质量控制。一般要求如下:

①张拉设备要根据锚杆体的材料和锁定力的大小进行选择。选择时,应考虑其通用性能,从而使得它具备除可能张拉配套锚具外,还能张拉尽可能多的其他系列锚具的通用性能,做到一项多用。同时,张拉设备应能使预应力筋的拉力既能从已有荷载上增加或降低,又能在中间荷载下锚固,最后张拉设备还应能拉锚以确定预应力荷载的大小。

②张拉前,对张拉设备进行标定。对 1 000 kN 以下的千斤顶,可用 2 000 kN 的压力机标定,标定的数据与理论出力误差应小于 2%。

③安装锚夹具前,要对锚具进行逐个严格检查。锚具安装必须与孔道对中,夹片安装要整齐,裂缝要均匀,理顺注浆管后依次套入锚垫板、工作锚和限位板,在限位板上用千斤顶预拉,每根预拉一定荷载后,再套入千斤顶、工具锚和工具夹片等。

④张拉前,必须待锚固段、承压台(或梁)等构件的混凝土强度达到设计强度方能进行张拉。同时,必须把承压支撑构件的面整平,将台座、锚具安装好,并保证与锚索轴线方向垂直(误差 <5°)。

⑤张拉应按一定程序和设计张拉速度(一般为 40 kN/min)进行。正式张拉前进行二次预张拉,张拉力为设计拉力的 10%~20%。正式张拉荷载要分级逐步施加,不能一次加至锁定荷载。分级施加荷载和观测变形的时间可按表 5.24 执行。

表 5.24 锚杆张拉荷载分级及观测时间

张拉荷载分级	观测时间/min		张拉荷载分级	观测时间/min	
	沙质土	黏性土		沙质土	黏性土
$0.10N_t$	5	5	$0.50N_t$	5	5
$0.25N_t$	5	5	$0.75N_t$	5	5

续表

张拉荷载分级	观测时间/min		张拉荷载分级	观测时间/min	
	沙质土	黏性土		沙质土	黏性土
$1.00N_t$	5	5	锁定荷载	10	10
$(1.00 \sim 1.20)N_t$	10	15			

注：N_t—锚索设计拉力，即最终锁定荷载。

5.5.5 锚杆(索)的试验与观测

1)锚杆(索)的性能试验

锚杆的性能试验又称破坏性试验或基本试验，是在锚固工程开工前为了检验设计锚杆性能所进行的锚杆破坏性抗拔试验。其目的是确定锚杆的极限承载力，检验锚杆在超过设计拉力并接近极限拉力条件下的工作性能和安全程度，及时发现锚索设计施工中的缺陷，以便在正式使用锚杆前调整锚杆结构参数或改进锚杆制作工艺。

性能试验的锚杆数量一般为 3 根，用作性能试验的锚杆参数、材料和施工工艺必须与工程锚杆相同，并且必须在与安设工程锚杆相同的地层中进行。在张拉过程中，采用逐级循环加荷，每级循环荷载的增量为 $0.1A_g f_{ptk} \sim 0.15A_g f_{ptk}$（其中，$f_{ptk}$ 为所配锚筋的抗拉强度设计值，A_g 为实际锚筋配置截面）；在各级荷载下，锚束受力与伸长值量测应同步进行，每一循环中的最大荷载稳定时间为 10 min，其余均为 5 min；最大荷载为锚杆的破断荷载，但应不超过锚筋强度标准值的 0.8 倍（即 $0.8A_g f_{ptk}$）。加荷过程及观测时间见表 5.25。如图 5.24 所示为锚杆基本性能试验(Q-S)曲线。

表 5.25 锚杆性能试验加荷过程及观测时间

加荷循环	荷载等级 $A_g f_{ptk}$/%（观测时间/min）
初始循环	10(5)
第一循环	10(5)→30(10)→10(5)
第二循环	10(5)→20(5)→30(5)→40(10)→30(5)→20(5)→10(5)
第三循环	10(5)→30(5)→40(5)→50(10)→40(5)→30(5)→10(5)
第四循环	10(5)→30(5)→50(5)→60(10)→50(5)→30(5)→10(5)
第五循环	10(5)→30(5)→50(5)→70(10)→50(5)→30(5)→10(5)
第六循环	10(5)→30(5)→60(5)→80(10)→60(5)→30(5)→10(5)

2)锚杆(索)的验收试验

锚杆的验收试验是在锚固工程完工后为了检验所施工的锚杆是否达到设计的要求而进行的检验性抗拔试验。该试验起到鉴别工程是否符合要求的目的。通常验收试验检验的锚杆的数量应不少于锚杆总数的 5%，且一个边坡不得少于 3 根。

验收试验最大试验荷载：对永久性锚索，应为设计轴向拉力值的 1.5 倍；对临时性锚索，应为设计轴向拉力值的 1.2 倍。荷载分级施加，并测读各级荷载下的伸长值。试验结果进行计算机处理,并绘制试验荷载-位移(Q-S)曲线(见图 5.25)。

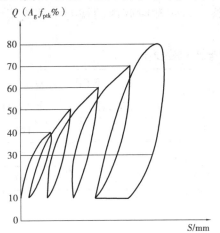

图 5.24　锚杆基本性能试验(Q-S)曲线

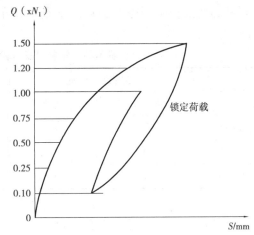

图 5.25　锚杆验收性能试验(Q-S)曲线

锚杆验收试验满足以下条件,即为合格:

①验收试验所得的总弹性位移超过自由段长度理论弹性伸长的 80% ,但小于自由段长度与 1/2 锚固段长度之和的理论弹性伸长。

②在最大试验荷载作用下,锚头位移趋于稳定。

锚杆验收试验加荷等级与观测时间见表 5.26。

表 5.26　锚杆验收试验加荷等级与观测时间

荷载分级	观测时间/min		荷载分级	观测时间/min	
	临时锚杆	永久锚杆		临时锚杆	永久锚杆
$0.10N_t$	5	5	$1.00N_t$	10	15
$0.25N_t$	5	5	$1.20N_t$	15	15
$0.50N_t$	5	10	$1.50N_t$		10
$0.75N_t$	10	10			

3)锚杆(索)的蠕变试验

在软黏土中设置的锚杆,在较大荷载作用下会产生很大的蠕变变形,为掌握软黏土中的锚杆的工作特性,国内外的有关标准都对锚杆的蠕变试验作了相应的规定。我国有关锚杆标准规定,凡塑性指数大于 20 的土层中的锚杆,均应进行蠕变试验,且试验的根数应不少于 3 根。

蠕变试验的加荷等级和观测时间应满足表 5.27 的要求,在观测时间内,荷载必须保持恒定,每级荷载下观测蠕变量随时间的变化。最后将每级荷载下的锚杆蠕变量-时间对数曲线在 s-lg t 坐标系中绘出。定义 S-lg t 曲线的斜率值(s-lg$t$ 曲线为直线)为蠕变系数,即

$$K_s = \frac{s_2 - s_1}{\lg t_2 - \lg t_1} \tag{5.27}$$

式中　K_s——某一级荷载下的蠕变系数;

　　　　s_1——t_1 时刻的蠕变量;

s_2——t_2 时刻的蠕变量。

锚杆蠕变试验所测得的最后一级荷载下的最终一段观测时间内的蠕变系数应不大于 2.0 mm。

表5.27　锚杆蠕变试验加荷等级与观测时间

荷载分级	观测时间/min		荷载分级	观测时间/min	
	临时锚杆	永久锚杆		临时锚杆	永久锚杆
$0.10N_t$		10	$1.00N_t$	60	120
$0.50N_t$	10	30	$1.20N_t$	90	120
$0.75N_t$	30	60	$1.33N_t$	120	360

以上各种锚杆试验记录表可按表5.28制订。

表5.28　锚杆试验记录表(据边坡规范附表C.1.5)

试验类别		试验日期		砂浆强度 等级	设计	
试验编号		灌浆日期			实际	
岩土性状		灌浆压力		杆体材料	规格	
锚固段长度		自由段长度			数量	
钻孔直径		钻孔倾角			长度	

序号	荷载 /kN	百分表位移			本级位移量 /mm	增量累计 /mm	备注
		1	2	3			

4)锚杆(索)的长期观测

锚杆施工完毕后,为了了解锚杆预应力损失情况和锚杆的位移变化规律,以便确认锚杆的工作能力,需要对锚杆进行长期观测,一般连续观测时间超过 24 h 就可看成长期观测。在观测结果过程中,如果发现锚杆的工作性能较差或不能完全承担锚固力,可根据观测结果,采用二次张拉锚杆或增设锚杆数量等措施,以保证边坡锚固工程的可靠性。

锚杆预应力变化的可采用测力计。测力计按照机械、振动、电气及光弹原理制作成不同类型。锚杆长期观测中,应选择精度高、准确可靠的测力计。测力计一般安装在传力板和锚具之间,并始终保持中心受荷。由于锚杆张拉锁定后头几个月预应力损失较大,一年后逐渐递减,两年后预应力损失基本终止,趋于稳定状态。因此,张拉锁定后的长期监控时间一般不得少于1年,但如遇自然环境恶劣并对边坡稳定性有较严重影响时,监控时间应适当延长,且每个工点不得少于3~5个观测点。同时,在混凝土浇筑过程中,应有专人对观测设施进行监护。

锚杆张拉锁定后第一个月内每日观测1次;2~3个月内每周观测1次;4~6个月内每月

观测 3 次;7 个月 ~ 1 年内每月观测 2 次;1 年以后每月观测 1 次。在观测过程中,如出现异常,应立即进行检查,处理完毕后,方能继续观测。观测成果及时整理,第一年内的观测成果将作为工程验收的资料。

任务 5.6　加筋技术

5.6.1　概述

加筋技术在我国民间的土木建筑工程中早就有所应用。例如,采用纸条、麻筋、柴排等埋入土层中,用以加固河岸、建房打墙或建造土坝等;又如,万里长城用柳树条、碎石或黏土混合建造。这些都是加筋法技术在我国的早期应用。近 20 年来,国外的加筋技术得到了广泛使用和深入研究。随着科学技术的发展,加筋技术不论在加筋材料或加筋技术方面都有很大的发展。

目前,加筋技术是指在填土路堤挡墙内铺设一些筋带,如钢带、钢筋条、竹筋及化纤编织带等土工织物用来加筋土体,使这种筋带和土体共同承担抗拉、抗压、抗剪及抗弯作用,以提高地基承载力,减少沉降,增加地基稳定性。在软土地基处理中,常用的方法如砂桩、碎石桩和旋喷桩等也归纳为土体的加筋法范围内。因此,加筋法还包括树根桩等。在加筋材料方面,目前被广泛应用的土工织物加筋很受工程界人士的青睐。这些材料的出现又为广泛的使用加筋技术提供了发展条件。

各种类型加筋法的加筋作用是各不相同的,即使用一种类型的加筋,工程上的要求不一致,它们的作用也有所差异,见表 5.29。

表 5.29　各类加筋法的加筋作用

加筋作用	加筋法类型		
	加筋土	树根桩	碎石桩
抗拉	可承受	可承受	
抗压		可承受	可承受
抗剪			可承受
抗弯		可承受	

对各种类型的加筋法的适用范围,可归纳见表 5.30。

表 5.30　各类加筋法的适用范围

应用范围	加筋法范围		
	加筋土	树根桩	碎石桩
承载力	可用	很好	很好
稳定性	很好	可用	可用

续表

应用范围	加筋法范围		
	加筋土	树根桩	碎石桩
沉降量	可用	较好	很好
沉降速度			很好

5.6.2 土工织物

土工织物是以煤、石油和天然气等为初始原材料,经化学加工合成为高分子聚合物形成的纤维制品的合成纤维织物。它是岩土工程领域中的一种新型建筑材料。

土工织物制成如土工布、土工膜、渗滤布及土工格栅等,其原材料都是聚酰胺纤维(尼龙)、聚酯纤维(涤纶)、聚丙烯腈(腈纶)和聚丙烯纤维(丙纶)等高分子化合物(聚合物)。目前,世界各国多以涤纶和丙纶作为土工织物的主要材料,故称土工聚合物。

1)分类

土工聚合物的类型较多。根据它的加工制造方法,可分以下类型:

(1)编织物

编织物由单股丝或多股线丝编织而成。其特点是孔隙均匀,沿经纬线两个正交方向的强度大,而斜交方向强度降低,拉断的延伸率较低。

(2)无纺型土工纤维

织物中纤维的排列是不规则的,通常也称"无纺布"。制造时,首先,将聚合物原料经过熔融挤压喷丝,直接铺成网,然后使用网丝连接制成土工纤维。连接方式有热压针刺和化学黏结等不同处理方法。

①热压处理法

将土工织物原料加热,同时施加压力使之部分熔化,从而黏结在一起。

②针刺机械处理

用特制的带有刺状的针,往返穿刺此案为薄层,使纤维彼此缠绕起来,这种方式成型的土工布较厚,通常为 2~5 mm。经过这样处理的土工织物,其抗拉强度各向一致,与有纺型相比,抗拉强度略低,延伸率较大,孔径不太均匀。

③化学黏结处理法

制造时,在纤维中加入某种化学物质,使之黏结在一起。

国外在使用土工织物中多数使用无纺型土工织物,它占使用土工织物总量的50%~80%。

(3)组合型土工纤维

组合型土工纤维由上述两类组合而成的土工织物。这些土工织物都是像布匹一样做成卷材包装出售。

(4)土工膜

在各种塑料、橡胶或土工纤维上喷涂防水材料而制成的各种不透水膜。

(5)土工席垫

土工席垫由粗硬纤维丝黏结而成。

（6）土工格

土工格由聚乙烯或聚丙烯板通过单向或双向拉伸扩孔制成,孔格尺寸为 1 ~ 10 cm 的圆形、方形或长方形格孔。

（7）土工网

土工网由挤出的 1 ~ 5 mm 纤维股线制成。

（8）土工塑料热水板

土工塑料热水板由原材料加热挤压制成。

其他还可由上述各种类型的土工织物互相组合而成的复合土工织物等。

2）土工织物的性能

（1）优缺点

①土工织物的优点

质地柔软质量小,整体连续性好,施工方便,抗拉强度高,耐腐蚀性和抗微生物侵蚀性好。对无纺型的土工织物,其孔隙当量直径小,反滤性能好,能与土很好结合。

②土工织物的缺点

未经特殊处理,则抗紫外线能力低。如在土工织物上覆盖黏土或沙石等,可增加其抵抗力,使强度不会降低太大,不影响工程使用。

在前面介绍的聚合物中,聚酯纤维和聚丙烯腈纤维耐紫外线辐射能力和耐自然老化性能较好。因此,各国的土工织物中,使用这两种原材料居多。

（2）土工织物产品性能指标

①产品形态

每卷的直径、宽度和质量,它的产地和制造方法。

②物理性质

单位面积质量、厚度、开孔尺寸及均匀性等。

③力学性质

抗拉强度、断裂时延伸率、撕裂强度、冲穿强度、顶破强度、蠕变性及土体间摩擦系数等。

④水理性质

垂直及水平向的透水性。

⑤抗老化和耐腐蚀性

对紫外线和温度的敏感性,抗化学和生物的腐蚀性等。

（3）检验

各项指标必须通过产品检测,给购物者提供材料性能说明供参考。

目前,对土工织物的试验方法和标准还不统一。各国都根据本国的生产状况,制订相应的国家标准。对土工织物与土体间的相互作用的性质实验,大部分项目仍处于试验研究和探索阶段。

（4）产品规格

①宽度和质量

土工织物产品因其制造方法和用途的不同而导致其宽度和质量规格变化很大,宽度为 1 ~ 18 m,一般每平方米质量为 0.1 kg 或更大。

②开孔尺寸(等效孔径)

无纺型为 0.05 ~ 0.5 mm,编织型为 0.1 ~ 1.0 mm,土工垫为 5 ~ 10 mm,土工网及土工格栅为 5 ~ 100 mm。

③导水性

不论是垂直方向或水平方向,渗透系数 K 值都大于 $5 \times 10^{-5} \sim 4 \times 10^{-4}$ m/s,这相当于中沙、细沙的渗透系数值,排水性能较好。

④抗拉强度

不同类型土工织物的抗拉强度见表5.31。

表 5.31　不同类型土工织物的抗拉强度

名　称	抗拉强度 */(kN · m⁻¹)		
	一般强度	高强度	特高强度
无纺型		30 ~ 100	
编织型	20 ~ 50	50 ~ 100	100 ~ 1 000
土工格栅	30 ~ 200	200 ~ 400	

注:*抗拉强度以单位宽度所承受的力表示。

3)土工织物的作用

(1)排水作用

对具有一定厚度的土工织物具有良好的三围透水特性。它即可透水反滤,可使水通过其平面迅速沿水平方向排走,构成水平向排水层。此外,还可将其与排水材料组合成整体的排水系统或深层排水井。一般利用土工织物的排水性能将其作为土沙隔离和排水过滤的功能,这样可改善道路含水量和过滤材料的性质,提高道路的整体强度和稳定性。如图5.26所示为排水盲沟。

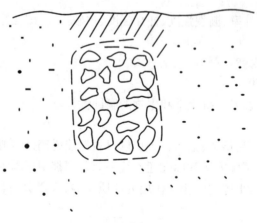

图 5.26　排水盲沟

(2)隔离作用

在软弱土路基中,为避免将路面基层中的粗颗粒料压入路基软土中,也避免路基土的细颗粒进入路面基层中,因此,在路基和路面基层中间铺设土工织物起隔离作用,如图5.27所示。要求土工织物耐穿刺和抗撕裂强度好,同时具有良好的透水性和反滤性。

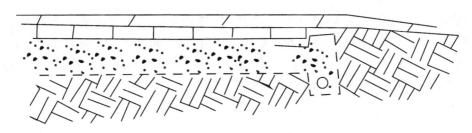

图 5.27　隔离作用

（3）反滤作用

在渗透出口区铺设土工织物作为反滤层，与传统的沙砾石滤层效果一样，可提高被保护边坡的抗渗程度，如图 5.28 所示。

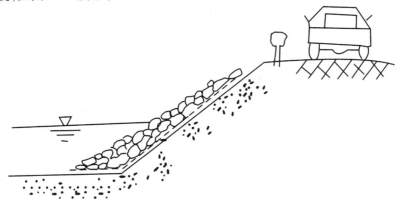

图 5.28　土工布保护边坡

多数土工织物在单向渗流的情况下，在紧贴土工织物的土体中发生细颗粒逐渐向滤层移动，同时还有部分细颗粒通过土工织物被带走，留下较粗颗粒。结果与滤层相邻一定厚度的图层逐渐自然形成一个反滤带和一层骨架网，以阻止土颗粒继续流失，最终达到稳定平衡。土工织物与相邻的图层共同形成一个完整的反滤体系，如图 5.29 所示。

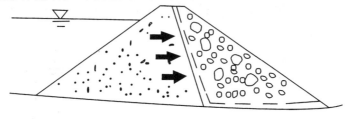

图 5.29　土工织物作反滤层

具有相同孔径尺寸的无纺土工织物与沙的渗透能力大致相同，但土工织物的孔隙率比沙要高得多，土工织物的密度约为沙的 1/10。因此，当土工织物与沙具有相同的反滤特征时，则所需土工织物的质量是沙的 1/10。而土工织物滤层的厚度却为沙砾反滤层厚度的 1/1 000 ~ 1/100，故此现象是因为土工织物的结构保证了它的连续性。由此可知，在相同反滤特征条件下，土工织物的质量是沙层的 1/1 000 ~ 1/100。

（4）加固作用

由于土工织物有较高的强度和韧性等力学性质，且能贴于地基表面，使其上部实际的荷载较均匀地分布在地基中。因此，当地基可能产生冲切破坏时，铺设的土工织物将阻止它出现破坏面,致使地基承载力提高,特别在软土地基中,如果采用一般填沙或填土的方法(见图 5.30),软土的塑流性,将使填土周围的地基产生侧向隆起;如果将土工织物铺设在软土地基的表面(见图 5.31),土工织物承受拉力和它与土体间的摩擦作用而增大侧向限制作用,即阻止侧向挤出,从而减少地基变形,增大地基的稳定性。

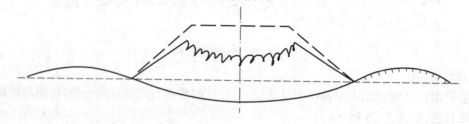

图 5.30 软土地基上填土产生侧向隆起

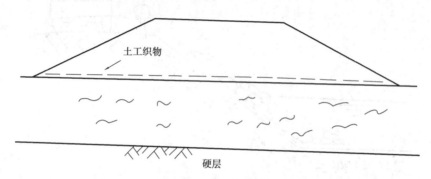

图 5.31 土工织物补强

国外的许多经验证明,在沼泽地、泥炭地等软土地基上建造临时道路时,在地基上铺一层土工织物,既可分隔软土和沙砾石以防混合,又可扩散荷载,减少所产生的剪应力,效果很显著。这类方法可使用在 CBR 值小于 3 的土类。

土工织物除对软土地基加固外,目前已发展到用于挡土墙、边坡、桥头、海岸和码头等支挡建筑物中,主要作用为拉筋,增大侧向约束作用,减少侧向位移,提高整体的强度和稳定性,如图 5.32 所示。

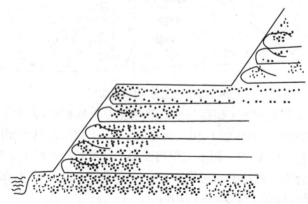

图 5.32 土工布加筋路堤边坡

任务 5.7　加筋挡土墙

5.7.1　概述

公路路线穿越深谷时,设置加筋土挡墙是良好的设计方案之一。所谓加筋土,是指在土中加入抗拉性能良好的筋带入钢条等以加筋土,这些筋材和图层交叉设置,土层抗压抗碱,筋材抗拉,利用土层与筋材之间的摩擦作用,改善土体的变形条件和提高土体的工程性能。加筋土挡墙是应用加筋土最广泛的一种。它是由填土及在填土中铺设一定数量的带状拉筋以及直立的墙面板三部分组成一个整体的复合结构物。依靠填土的质量压在筋带面上而产生的摩擦力来平衡填土所产生的侧压力,以稳定结构。

加筋土的兴起是在 1963 年法国工程师亨利·维达尔(HenliVidal)在模型试验研究的基础上最先提出土的家加筋法设计理论,应用此理论,1965 年法国又在比利牛斯山的普拉聂尔修建成世界上第一座加筋土挡墙。从此,在许多国家得到了推广使用。加筋结构在国外工程应用方面的统计资料表明,公路站 81%,房建占 2.5%,铁路占 2.5%,工业建筑占 12%。已建成的加筋挡土墙中,最高达 43 m(在巴基斯坦),加筋土桥台最高 22 m(在澳大利亚)。我国在加筋土工程应用方面始于 20 世纪 70 年代末,先后在煤矿、公路、铁路护岸等方面得以应用。例如,云南的田坝选煤厂,安徽省的淮南铁路枢纽,浙江省的临海公路和天台护岸等。加筋土的技术应用范围也由挡土墙发展到桥台、护岸、货场及水运码头等方面,还开展了加筋技术深入研究工作,从理论研究、模拟实验和现场试验到机理分析,取得有益的成果,使加筋土技术的应用得到了最好的推广。

5.7.2　加筋结构的形式及其一般规定

1)加筋土结构的形式

在道路工程中,常用的公路加筋土结构为加筋土挡墙和梁(板)式桥梁的桥台。

(1)加筋土挡墙的分类

加筋土挡墙一般设置在填方路段上,若在挖方路段上使用,则会增大土方量,显得并不经济。在道路工程中,常见的加筋挡土墙形式有以下 6 种:

①路提式加筋墙,如图 5.33(a)所示。

②路肩式加筋墙,如图 5.33(b)所示。

③浸水加筋挡土墙和非浸水加筋挡土墙。

④高墙式加筋挡土墙和低墙式加筋挡土墙。目前,公路部门以 15 m 为分间。

⑤单面式加筋土挡墙和双面式加筋土挡墙。双面式分为双面分离式和双面交错式加筋土挡墙,如图 5.33(c)、(d)所示。

⑥斜坡上的台阶式加筋土挡墙,如图 5.33(e)所示。

(2)加筋土桥台的分类

根据加筋土体是否直接承受支座及其所传递的桥面系统荷载,可分为整体式和组合式两类。组合式可分内置式和外置式两种,如图 5.34 所示。

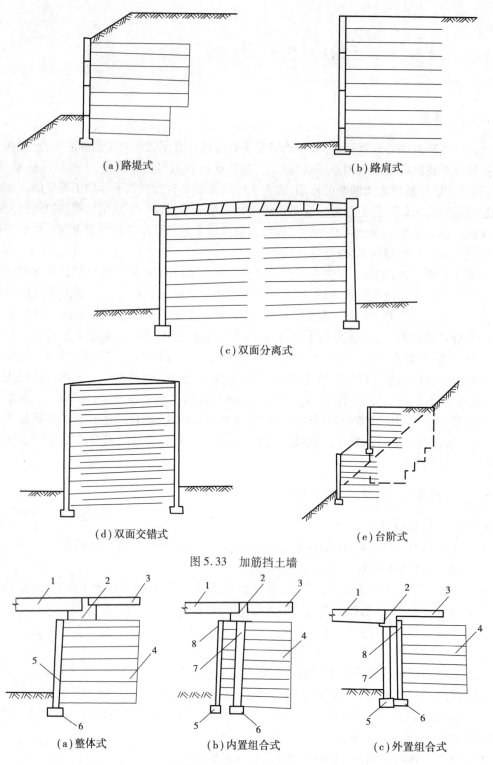

(a)路堤式　　　　　　　　　　　(b)路肩式

(c)双面分离式

(d)双面交错式　　　　　　　　　(e)台阶式

图 5.33　加筋挡土墙

(a)整体式　　　　(b)内置组合式　　　　(c)外置组合式

图 5.34　加筋土桥台类型图

1—上部构造;2—垫梁或盖梁;3—桥头搭板;4—筋带;

5—基础;6—台柱基础;7—台柱;8—面板

2)加筋土挡墙的组成分类部分

(1)面板

国内使用的面板材料一般为钢筋混凝土和混凝土。国外还有半圆形油桶或椭圆形钢管式面板。面板外形为十字形、矩形或六角形,通常采用素混凝土板,标号不低于 20 号。槽形和 L 形常作成钢筋混凝土板,见表 5.32。

表 5.32　面板尺寸表

类型	简　图	高度/cm	长度/cm	厚度/cm	备　注
十字形		50 ~ 150	50 ~ 150	8 ~ 22	槽形面板的底板和翼缘厚度应不小于 5 cm
槽形		30 ~ 75	100 ~ 200	14 ~ 20	
六角形		60 ~ 120	70 ~ 180	8 ~ 22	
L 形		30 ~ 50	100 ~ 200	8 ~ 12	L 形面板下缘宽度一般采用 20 ~ 25 cm,厚度 8 ~ 12 cm
矩形		50 ~ 100	100 ~ 200	8 ~ 22	

除上述标准形状面板外,为适应顶部和角隔处的结构要求,采用一些形状特别的异形面板和加隔板,如图 5.35 所示。

面板与拉筋间连接,通常用连接构件来实现。对上述十字形、六角形和矩形等厚度面板,当采用钢带或钢筋混凝土时,连接构件可采用钢板模块埋入面板中,外露部分预留连接孔 $\phi 12 \sim \phi 18$,铺块不小于 3 mm,露出板外的部分应做防锈处理。当采用聚丙稀土工带时,可在面板内预埋钢筋拉环或对槽形、L 形面板在它们的肋部预留穿筋孔,以便于聚丙稀土工带相连接,钢筋拉环的直径应不小于 10 mm 的 I 级钢,露在混凝土外部的钢筋拉环应做防锈处理,与聚丙稀土工带接触面沥青油两层布作为防锈的隔离。面板四周应设接口和相互连接装置,当采用插销连接装置时,插销的直径应不小于 10 mm。

金属面板由软钢或镀锌钢制作,每块板的高度为 250 或 333 mm,厚度 3 ~ 5 mm,长度有 3、6 和 10 m 多种,断面为半椭圆形。为适应地形和构造要求,同样也会有非标准型构件和转角处的异性面板。

面板的主要作用是保护填料,连接拉筋以传递水平力,要求满足坚固、美观、运输方便和便于安装。

(2)拉筋

拉筋与填土体之间产生的摩阻力以平衡水平荷载。拉筋满足以下要求:

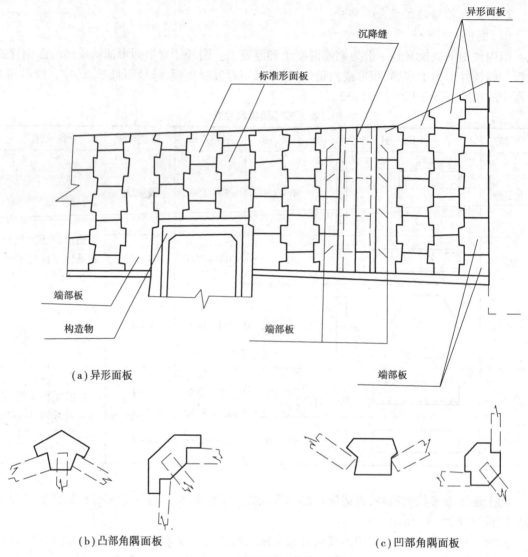

图 5.35　异形面板和角隅面板

（a）异形面板

（b）凸部角隅面板　　　　　（c）凹部角隅面板

① 抗拉能力强，延伸率小、蠕变小。

② 与土体之间产生的摩阻力要高。

③ 耐腐蚀和抗老化要好。

④ 经济耐用，加工制作、接长和它与面板的连接较简单。

下面介绍常用的拉筋如钢带、钢筋混凝土带和聚丙烯土工带。

钢带。钢带用软钢轧制，分光面钢带和有肋钢带两种，如图 5.36 所示。它的横断面为扁矩形，宽度不小于 3 cm，厚度不小于 3 mm。

钢带防锈所涉及的因素较多，除采用防锈设施外，还应注意填料中的水及水中的化学物质。

（3）回填土

加筋土的强度主要取决于拉筋与土体之间的摩阻力。因此，对填土料有所要求。在各国的拉筋土工程中，所用填土都是粒状土，要求其塑性指数少于 6，内摩擦角大于 34°，颗粒直径

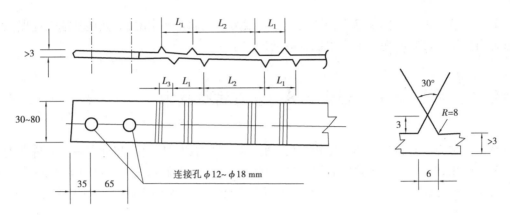

图 5.36　有肋钢带

$d < \mu m$ 的含量应小于 15%。一般不使用黏性土,因这类土的透水性差,含水量高时强度很低,在荷载作用下很易产生蠕动变形,在施工过程中碾压也困难。回填粒状土除满足上述要求外,颗粒组成也应有所要求,级配良好。

(4)沉降缝设置

一般沿墙身方向每隔 10 ~ 30 m 设置一道。此外,还应结合地形、地质条件和墙高的变化情况加以设置,以避免发生不均匀沉降而给墙面板的受力带来不利影响。

(5)墙顶帽石

墙顶一般均设置帽石,帽石口预制也可现浇,帽石的分段应与墙体的分段一致。

(6)墙下基础

加筋体墙面下部基础的埋置深度,除应满足地基承载力的要求外,还应满足水流的冲刷和冻结深度的要求。对一般土质地基,填埋深度应不小于 6 m,当设置在岩石上时,应清除岩石表面的风化层,如风化层很厚,也可按土质地基的填置深度要求处理。设置在斜坡上的加筋挡墙应具有不小于 1 m 的护脚,如图 5.37 所示。在一般情况下,采用混凝土基础,基础的宽度不小于 0.3 m,厚度不小于 0.2 m。

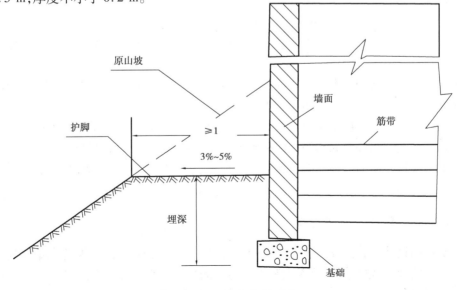

图 5.37　护脚横断面图

151

修建在软土地基上的加筋土挡墙的地基承载力不能满足要求时,应做地基加强处理,如换填沙砾石垫层、大沙庄、抛石或土木织物等处理方法。

任务5.8 岩石锚喷技术

锚喷支护方法是将岩体作为结构材料,通过调动和增加岩体自身强度实现岩体自身支撑,是一种符合现代岩石力学理论的岩层控制方法。为了区别于依靠人工材料和构建支撑岩块质量的传统支护方法,常称岩石加固技术。锚喷支护是锚杆与混凝土联合支撑的简称。锚杆与喷射混凝土都可以独立使用。

锚喷支护应用范围确定为Ⅰ,Ⅱ,Ⅲ类岩石永久边坡,Ⅰ,Ⅱ,Ⅲ类岩石临时边坡,以及Ⅰ,Ⅱ,Ⅲ类边坡整体稳定前提下的坡面防护,共3种类型。同时,明确了永久性边坡、临时性边坡相应的适用高度。锚喷支护具有性能可靠、施工方便、工期短等优点。但喷层外表不佳且易污染;采用现浇钢筋混凝土板能改善美观,因此,表面处理也可采用喷射混凝土和现浇混凝土面板。

5.8.1 岩石锚喷支护的一般规定

《建筑边坡工程技术规范》(GB 50330—2013)规定:

①岩石锚喷支护应符合下列规定:

a. 对永久性岩质边坡(基坑边坡)进行整体稳定性支护时,Ⅰ类岩质边坡可采用混凝土锚喷支护;Ⅱ类岩质边坡宜采用钢筋混凝土锚喷支护;Ⅲ类岩质边坡应采用钢筋混凝土锚喷支护,且边坡高度宜不大于15 m。岩质边坡的岩体分类见表3.2。

b. 对临时性岩质边坡(基坑边坡)进行整体稳定性支护时,Ⅰ类、Ⅱ类岩质边坡可采用混凝土锚喷支护;Ⅲ类岩质边坡宜采用钢筋混凝土锚喷支护,且边坡高度应不大于25 m。岩质边坡的岩体分类见表3.2。

c. 对局部不稳定岩石块体,可采用锚喷支护进行局部加固。

d. 符合边坡规范放坡坡率要求的岩质边坡(见表5.6),可采用锚喷支护进行坡面防护,且构造要求应符合边坡规范要求。

②膨胀性岩质边坡和具有严重腐蚀性的边坡不应采用锚喷支护。有深层外倾滑动面或坡体渗水明显的岩质边坡不宜采用锚喷支护。

③岩质边坡整体稳定用系统锚杆支护后,对局部不稳定块体还应采用锚杆加强支护。锚喷支护中锚杆有系统锚杆与局部锚杆两种类型。系统锚杆用以维持边坡整体稳定,采用边坡规范相关的直线滑裂面的极限平衡法计算。局部锚杆用以维持不稳定块体,采用赤平投影法或块体平衡法计算。

5.8.2 岩石锚喷支护设计计算

锚喷支护的设计计算涉及边坡支护结构上的侧向岩土压力的计算、坡顶有重要建(构)筑物的边坡工程的计算、锚杆的计算及锚喷支护边坡的整体稳定性计算等内容。

①采用锚喷支护的岩质边坡整体稳定性计算应符合下列规定:

a. 岩石侧压力分布在墙顶-墙顶往下 0.2H 处可视为三角形分布,墙顶往下 0.2H-墙底可视为均匀分布(见图 5.38),侧向岩石压力水平分力可计算为

$$e'_{\text{ah}} = \frac{E'_{\text{ah}}}{0.9H} \tag{5.28}$$

式中　e'_{ah}——相应于作用的标准组合时侧向岩石压力水平分力修正值,kN/m^2;

　　　　H——挡墙高度,m。

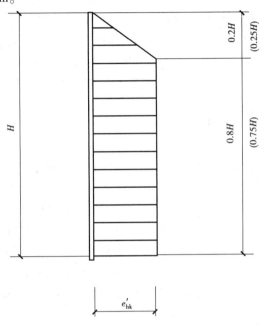

图 5.38　锚杆挡墙侧压力分布图

b. 锚杆轴向拉力可计算为

$$N_{\text{ak}} = \frac{e'_{\text{ah}} s_{xj} s_{yj}}{\cos \alpha} \tag{5.29}$$

式中　N_{ak}——锚杆所受轴向拉力;

　　　　s_{xj}——锚杆的水平间距,m;

　　　　s_{yj}——锚杆的垂直间距,m;

　　　　e'_{ah}——相应于作用的标准组合时侧向岩石压力水平分力修正值,kN/m^2;

　　　　α——锚杆倾角,(°)。

②锚喷支护边坡时,锚杆计算应按照任务 5.5 的公式进行计算。

③岩石锚杆总长度应符合任务 5.5 锚杆的构造设计要求。

④采用局部锚杆加固不稳定岩石块体时,锚杆承载力应符合

$$K_{\text{b}}(G_{\text{t}} - fG_{\text{n}} - cA) \leqslant \sum N_{\text{ak}ti} + f\sum N_{\text{ak}ni} \tag{5.30}$$

式中　A——滑动面面积,m^2;

　　　　c——滑移面的黏聚力,kPa;

　　　　f——滑移面上的摩擦系数;

　　　　$G_{\text{t}},G_{\text{n}}$——不稳定块体自重在平行和垂直于滑面方向的分力,kN;

N_{akti},N_{akni}——单根锚杆轴向拉力在抗滑方向和垂直于滑动面方向上的分力,kN;

K_b——锚杆钢筋抗拉安全系数,按表5.21取值。

5.8.3 岩石锚喷构造设计

①系统锚杆的设置宜符合下列规定:

a. 锚杆布置宜采用行列式排列或菱形排列;系统锚杆采用行列式排列或菱形排列已被工程实践证明了其加固效果优于其他布设方式。

b. 锚杆间距宜为1.25~3.00 m,且应不大于锚杆长度的1/2;对Ⅰ,Ⅱ类岩体边坡最大间距应不大于3.00 m,对Ⅲ,Ⅳ类岩体边坡最大间距应不大于2.00 m;锚杆间的最大间距,以确保两根锚杆间的岩体稳定性,锚杆最大间距显然与岩坡分类有关,岩坡分类等级越低,其最大间距应减小。

c. 锚杆安设倾角宜为10°~20°。

d. 应采用全黏结锚杆。

②锚喷支护用于岩质边坡整体支护时,其面板应符合下列规定:

a. 对永久性边坡,Ⅰ类岩质边坡喷射混凝土面板厚度应不小于50 mm,Ⅱ类岩质边坡喷射混凝土面板厚度应不小于100 mm,Ⅲ类岩体边坡钢筋网喷射混凝土面板厚度应不小于150 mm;对临时性边坡,Ⅰ类岩质边坡喷射混凝土面板厚度应不小于50 mm,Ⅱ类岩质边坡喷射混凝土面板厚度应不小于80 mm,Ⅲ类岩体边坡钢筋网喷射混凝土面板厚度应不小于100 mm。

b. 钢筋直径宜为6~12 mm,钢筋间距宜为100~250 mm;单层钢筋网喷射混凝土面板厚度应不小于80 mm,双层钢筋网喷射混凝土面板厚度应不小于150 mm,钢筋保护层厚度应不小于25 mm。

c. 锚杆钢筋与面板的连接应有可靠的连接构造措施。

③岩质边坡坡面防护宜符合下列规定:

a. 锚杆布置宜采用行列式排列,也可采用菱形排列。

b. 应采用全黏结锚杆,锚杆长度为3~6 m,锚杆倾角宜为15°~25°,钢筋直径可采用16~22 mm;钻孔直径为40~70 mm。

c. Ⅰ,Ⅱ类岩质边坡可采用混凝土锚喷防护,Ⅲ类岩质边坡宜采用钢筋混凝土锚喷防护,Ⅳ类岩质边坡应采用钢筋混凝土锚喷防护。

d. 混凝土喷层厚度可采用50~80 mm。Ⅰ,Ⅱ类岩质边坡,可取小值;Ⅲ类岩质边坡,宜取大值。

e. 可采用单层钢筋网,钢筋直径为6~10 mm,间距为150~200 mm。

④喷射混凝土强度等级,对永久性边坡应不低于C25;对防水要求较高的应不低于C30;对临时性边坡应不低于C20。喷射混凝土1 d龄期的抗压强度设计值应不低于5 MPa。

⑤喷射混凝土的物理力学参数可按表5.33采用。

表5.33 喷射混凝土物理力学参数

物理力学参数	喷射混凝强度等级		
	C20	C25	C30
轴心抗压强度设计值/MPa	9.60	11.90	14.30

物理力学参数	喷射混凝强度等级		
	C20	C25	C30
抗拉强度设计值/MPa	1.10	1.27	1.43
弹性模量/MPa	2.1×10^4	2.3×10^4	2.5×10^4
重度/(kN·m^{-3})	22.00		

⑥喷射混凝土与岩面的黏结力,对整体状和块状岩体,应不低于0.80 MPa;对碎裂状岩体,应不低于0.40 MPa。喷射混凝土与岩面黏结力试验应符合现行国家标准《岩土锚杆与喷射混凝土支护工程技术规范》(GB 50086—2015)的规定。

⑦面板宜沿边坡纵向每20~25 m的长度分段设置竖向伸缩缝。

⑧坡体泄水孔及截水、排水沟等的设置应符合边坡规范的相关规定。

5.8.4　锚喷施工

①局部锚杆的布置应满足下列要求:

a.对受拉破坏的不稳定块体,锚杆应按有利于其抗拉的方向布置。

b.对受剪破坏的不稳定块体,锚杆宜逆向不稳定块体滑动方向布置。

②施工:

a.边坡坡面处理宜尽量平缓、顺直,且应锤击密实,凹处填筑应稳定。

b.应清楚坡面松散层及不稳定的块体。

c.Ⅲ类岩体边坡应采用逆作法施工,Ⅱ类岩体边坡中可部分采用逆作法施工。

岩质边坡应尽量采用部分逆作法,这样既能确保工程开挖中的安全,又便于施工。但应注意,对未支护开挖段岩体的高度与宽度应依据岩体的破碎、风化程度作严格控制,以免施工中出现事故。

项目小结

边坡工程防治设计关系边坡工程的安全稳定,其涉及较多的学科和规范,如工程地质与水文、岩土力学、边坡规范及地基基础规范等。它是一门综合性和实践性较强的技术。

边坡工程设计的内容包括边坡工程防治技术设计基本原则、边坡坡率与坡形设计、重力式挡土墙设计、悬臂式和扶壁式挡土墙设计、锚杆(索)设计、加筋技术和加筋土挡墙设计、岩石锚喷技术等内容。在实际生产过程中,还需要结合经验采取边坡工程防护的形式。

水对边坡工程有重要影响,所有边坡工程均应做好排水设计,滑坡工程和边坡工程具有明显的区别和联系。在边坡工程防治设计时,还应考虑边坡绿化。

思考与练习

1. 下列( )边坡应优先采用坡率法。

  A. 一般建筑边坡，无特殊条件

  B. 放坡开挖对相邻建筑物有不利影响的边坡

  C. 地下水发育的边坡

  D. 稳定性差的边坡

2. 建筑边坡采用预应力锚杆进行支护时，其自由段长度为( )。

  A. 不小于 4 m   B. 不小于 5 m

  C. 不小于 5 m 且应超过潜在滑裂面   D. 不小于 5 m 且应不超过潜在滑裂面

3. 某建筑边坡安全等级为二级，边坡岩体类型为 Ⅲ 类岩石，如采用喷锚支护，边坡高度宜不大于( )。

  A. 10 m   B. 12 m   C. 15 m   D. 30 m

4. 通常情况下，确定高度小于 10m 的碎石土边坡坡率时不宜采用( )。

  A. 经验方法   B. 工程类比法   C. 规范查表法   D. 稳定性定量分析法

5. 土质边坡按水土合算原则计算时，地下水位以下的土宜采用( )指标。

  A. 有效抗剪强度指标   B. 自重固结不排水抗剪强度指标

  C. 自重固结排水抗剪强度指标   D. 自重压力下不固结不排水抗剪强度指标

6. 建筑边坡级别大于或等于( )级时，应采用动态设计法。

  A. 一级   B. 二级   C. 三级   D. 四级

7. 边坡支护结构验算应进行的下列验算中，( )不是强制性验算内容。

  A. 地下水控制和验算   B. 支护结构整体和局部稳定性验算

  C. 支护锚固体的抗拔承载力验算   D. 支护结构的强度验算

8. 建筑边坡中永久性边坡的设计使用年限应不低于( )。

  A. 2 年   B. 10 年

  C. 50 年   D. 受其影响相邻建筑的使用年限

9. 下列( )边坡属于正常使用极限状态。

  A. 支护结构达到承载力破坏

  B. 支护结构变形值影响建筑物的耐久性能

  C. 锚固系数失效

  D. 坡体失稳

10. 某土质边坡土体内摩擦角为 26°，边坡高度为 12 m，该边坡坡顶滑塌区边缘至坡底边缘的水平投影距离为( )。

  A. 4.1 m   B. 7.5 m   C. 12 m   D. 24.6 m

11. 下述对动态设计法的理解中( )是正确的。

  A. 动态设计即不断地调整设计方案，使设计与边坡实际很好地结合

  B. 动态设计即边勘察、边设计、边施工使用三者同一化、一体化，及时选择新的设计方

案,以解决施工中的新问题

  C. 动态设计即不能控制施工经费,如有必要应及时追加投资

  D. 动态设计即一种根据现场地质情况和监测数据,验证地质结论及设计数据,从而对施工的安全性进行判断并及时修正施工方案的施工方法

12. 边坡岩土体的等效内摩擦角是指(　　　)。

  A. 与某一级垂直压力相适应的内摩擦角

  B. 不考虑内聚力时的内摩擦角

  C. 考虑岩土黏聚力影响的假想内摩擦角

  D. 内聚力与内摩擦角的平均值

13. 锚喷支护是指(　　　)。

  A. 由锚杆组成的支护体系

  B. 由锚杆、立柱、面板组成的支护

  C. 由锚杆、喷射混凝土面板组成的支护

  D. 由锚索、立柱和面板组成的支护

14. 对重力式挡土墙,下述说法不正确的是(　　　)。

  A. 土质边坡高度大于 8 m 时,不宜采用重力式挡土墙

  B. 重力式挡墙应进行抗滑移、抗倾覆及地基稳定性验算

  C. 重力式挡墙墙底可做成逆坡,逆坡坡度越大,挡墙稳定性越高

  D. 挡墙地基纵向坡度较大时基底应做成台阶形

15. 岩石锚喷支护设计时,下述不正确的是(　　　)。

  A. 膨胀性岩石边坡不应采用锚喷支护

  B. 进行锚喷支护设计时,岩石侧压力可按均匀分布考虑

  C. 锚喷系统的锚杆倾角一般宜采用 10°~35°

  D. 对 Ⅲ 类岩体边坡应采用逆作法施工

16. 下列对锚杆挡墙的构造要求中,不正确的是(　　　)。

  A. 锚杆挡墙支护结构立柱间距宜不大于 8 m

  B. 锚杆上下层的垂直间距宜不小于 2.5 m,水平间距宜不小于 2 m

  C. 锚杆倾角宜采用 10°~35°

  D. 永久性边坡现浇挡板厚度宜不小于 300 mm

17. 当边坡采用锚杆(索)防护时,下述不正确的是(　　　)。

  A. 松散沙层中不应采用永久性锚杆

  B. 用于锚索的浆体材料 28 d 无侧限抗压强度应不低于 25 MPa

  C. 预应力锚杆自由段长度应不小于 5 m,且应超过潜在滑面

  D. 锚杆钻孔深度超过锚杆设计长度应不小于 0.5 m

18. 边坡工程设计基本原则是动态设计,下列内容中(　　　)不符合动态设计原则。

  A. 对边坡边勘察,边施工,边设计,以达到掌握更多的资料,使设计更符合实际

  B. 设计时,应提出对施工方案的特殊要求和监测要求

  C. 应及时掌握施工现场的地质状况、施工情况和变形及应力监测的反馈信息

  D. 根据反馈信息,必要时对原设计校核、修改和补充

19. 边坡工程设计时,应采用荷载效应最不利组合;在计算支护结构水平位移时,荷载效应组合应采用( )。

    A. 正常使用极限状态标准组合,不计入风荷载及地震荷载

    B. 正常使用极限状态准永久组合,不计入风荷载及地震荷载

    C. 正常使用极限状态标准组合,计入风荷载及地震荷载

    D. 正常使用极限状态准永久组合,计入风荷载及地震荷载

20. 什么是边坡的坡率? 如何确定挖方边坡的坡率?

21. 已知作用于岩质边坡锚杆的水平拉力为 1 140 kN,锚杆倾角为 15°,锚固体直径 $D = 0.15$ m,地层与锚固体的黏结强度 $f_{rb} = 500$ kPa,如工程重要等级、锚杆工作条件及安全储备都已考虑,锚固体与地层间的锚固长度为多少米?

22. 重力式梯形挡土墙,墙高 4.0 m,顶宽 1.0 m,底宽 2.0 m,墙背垂直光滑,墙底水平,基底与岩层间摩擦系数 f 取为 0.6,抗滑稳定性满足设计要求。开挖后发现岩层风化较为严重,将 f 值降低为 0.5 进行变更设计。拟采用增加墙体厚度是变更办法,若要达到原设计的抗滑稳定性,墙体厚需增加多少米?

项目 **6**
边坡工程排水

学习内容

本项目主要介绍边坡工程排水的一般规定,水文与水力学计算的基础知识,坡面排水设计技术要点,地下排水方式与技术要点,地下排水效果的监测,以及排水工程施工要点等。

学习目标

1. 掌握水对边坡工程稳定性的影响。
2. 熟悉常见的坡面排水设施及其设计技术要点。
3. 熟悉地下排水的设施及其布置方式。
4. 熟悉排水施工的技术要点。

任务6.1 概述

6.1.1 水对边坡稳定性的影响

在产生滑坡的自然外因中,降雨、融雪和地下水的渗流作用是最大的外因。在边坡规范中,对滑坡有"无水不滑"的说法。水对边坡稳定性的影响主要表现在以下4个方面:

①降雨、融雪等形成的地表水下渗到土体的孔隙和岩石的裂隙中,增加岩土的重度,加大滑坡体的质量,使下滑力(力矩)增加,降低边坡稳定性。

②岩土被雨水浸润软化,岩石软化系数变小,土体含水量增加,其抗剪强度降低。

③降雨、融雪形成的渗透水补给到地下水中,使地下水位或地下水压(在受压状态下)增加,其结果也将造成岩土体的抗剪强度降低。

④渗透到地下的渗透水以一定的流速通过透水层到不透水的面层(此层与上层的结合层一般是滑动面或滑动带)上滞留,这样便形成了一个在均质斜坡中不可能有的具有很大孔隙水压的含水层。这种孔隙水压力一方面在透水层中引起流沙或沙层剪切破坏,另一方面在不透水层上的结合层(滑动层或滑动带)中土颗粒产生塑性破坏。

边坡的稳定与安全和水的关系密切,且一般水对边坡的稳定不利,特别是滑坡中的水将加剧滑坡的发生。排水是边坡加固工程中的一项重要措施。滑坡治理和高边坡工程的实践证明,排水对提高边坡的稳定性具有至关重要的作用,通常也是一种比较经济的工程方案。因此,应加强边坡工程排水措施,并在工程实践中不断补充、完善相关技术措施。

排水系统包括地表排水工程和地下排水工程。

地表排水的目的是最大限度地把雨水从地表排走,防止其渗入边坡内。地表排水包括布置于边坡和边坡周边的沟渠和管道等。

地下排水的目的是最大限度地降低已在边坡内形成的地下水位的高度。它在一些规模较大的边坡和滑坡治理工程中,是一项战略性的工程措施。地下排水由排水廊道和排水孔组成。排水孔可与廊道相连,也可从坡面以仰孔的形式从地面打入。在各种挡土结构和边坡的接合部,通常需要布置由透水反滤材料组成的排水体或排水孔,这一类排水设置也属地下排水范畴。

排水工程设计应在总体方案的基础上,结合工程地质、地下水和降雨条件及本地区生态环境,制订地表排水、地下排水及二者相结合的方案。

排水工程布置应综合考虑原有的汇流条件和天然排水体系,将排水工程措施与天然的排水体系组成一套完整的排水系统,达到有效集流、安全排放的目的。

6.1.2 边坡工程排水一般规定

《建筑边坡工程技术规范》(GB 50330—2013)对边坡工程排水单列一章。其一般规定为:

①边坡工程排水应包括排除坡面水、地下水和减少坡面水下渗等措施。坡面排水、地下排水与减少坡面雨水下渗措施宜统一考虑,并形成相辅相成的排水、防渗体系。

②坡面排水应根据汇水面积、降雨强度、历时和径流方向等进行整体规划和布置。边坡影响区内外的坡面和地表排水系统宜分开布置,自成体系。

③地下排水措施宜根据边坡水文地质和工程地质条件选择。当其在地下水位以上时,应采取措施防止渗漏。

④边坡工程的临时性排水设施应满足坡面水,尤其是季节性暴雨、地下水和施工用水等的排放要求。有条件时,应结合边坡工程的永久性排水措施进行。

⑤边坡排水应满足使用功能要求,排水结构安全可靠,便于施工、检查和养护维修。

有关公路与铁路边坡坡面和路基排水的详细规定,可参见相关著作,此处仅作简要介绍。

任务6.2 坡面排水

6.2.1 总体设计

边坡坡面排水设施的布设应充分利用地形和天然水系,形成完善的排水系统,并做好进出口位置的选择和处理,使水流顺畅,不出现堵塞、溢流、渗漏、淤积、冲刷、冻结等,以免造成对路基、路面和毗邻地带的危害。地表排水设施主要由各种沟和管组成。它们分别承担一定汇水面积范围内地表水的汇集和排泄功能,并将各项设施组合成一个将地表水顺畅地汇集、拦截和排引到路界外的系统。

坡面排水主要由各种横断面形状和尺寸的沟渠(槽)组成。条件合适时,也可采用金属管。边坡排水设施必须要有好的布局,如图6.1所示为某一设计案例。

合理的排水布置应有利于将溪流直接引离边坡并通过坡内排水设施截走地下水(如堆积体中的水),参见图6.1中的A。图6.1中,B为开挖边坡以后的汇水面积;C为位于坡脚的边沟,这些排水设施应有足够的泄流能力;D为边坡顶的截水沟,其排水能力应保证上部集水面积的汇流;E为边坡平台上的截水沟,在布置这些排水设施时应考虑将来维修的方便;F为在岩石边坡中设置的排水沟,以防止水流对坡面的冲蚀;G为急流槽,布置急流槽时应避免水流方向的突然改变;H为挡土墙,应辅以排水设施,以防止路面溢流;I为路基的排水出口,同样也应保证具有足够的泄水能力;J,K为路面下的排水涵洞,其泄流速度不能过高,以防止对排水措施和边坡的冲刷,如有必要可设消力池或消力坎;L为设置的多级跌水,为使边坡具有防冲蚀能力,可使用浆砌块(片)石或混凝土铺砌,如Q所示;M为辅助排水沟,以截断低洼处的积水;N为直立拦水墙,用以防止路面积水直接流到下面的边坡;O为拦污栅(拦沙坝),以防止杂物泥沙堵塞渠道和管道;P为地面排水格栅,以排泄辅路汇入的水流;R为排水沟。

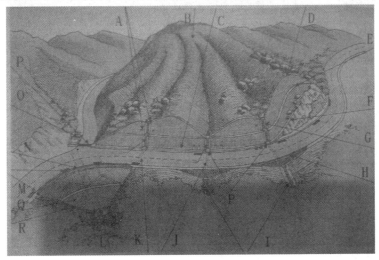

图6.1 坡面排水总体布置要点

《建筑边坡工程技术规范》(GB 50330—2013)对边坡坡面排水的总体规定为:建筑边坡坡面排水设施应包括截水沟、排水沟、跌水及急流槽等,应结合地形与天然水系进行布设,并做好进出水口的位置选择。例如,南昆线八渡车站滑坡采用"八纵八横"截排水沟和全长为844 m的地下泄水洞结合竖向渗水孔等立体排水系统(见图6.2)。应采取措施防止截排水沟出现堵塞、溢流、渗漏、淤积、冲刷及冻结等现象。

各类坡面排水设施设置的位置、数量和断面尺寸,应根据地形条件、降雨强度、历时、分区汇水面积、坡面径流量及坡体内渗出的水量等因素计算分析确定。各类坡面排水沟顶应高出沟内设计水面200 mm以上。

截水沟、排水沟设计应符合下列规定:

①坡顶截水沟宜结合地形进行布设,且距挖方边坡坡口或潜在滑塌区后缘应不小于5 m;填方边坡上侧的截水沟距填方坡脚的距离宜不小于2 m;在多雨地区可设一道或多道截水沟。

②需将截水沟、边坡附近低洼处汇集的水引向边坡范围以外时,应设置排水沟。

图 6.2　南昆线八渡车站滑坡排水系统

③截水沟、排水沟的底宽和顶宽宜不小于 500 mm，可采用梯形断面或矩形断面，其沟底纵坡宜不小于 0.3%。

④截水沟、排水沟需进行防渗处理；砌筑砂浆强度等级应不低于 M7.5，块石、片石强度等级应不低于 MU30，现浇混凝土或预制混凝土强度等级应不低于 C20。

⑤当截水沟、排水沟出口处的坡面坡度大于 10%、水头高差大于 1 m 时，可设置跌水和急流槽将水流引出坡体或引入排水系统。

6.2.2　坡面排水设施

坡面排水沟渠可分为排水沟、边沟、截水沟、急流槽及跌水。

6.2.3　防冲和防淤

对易冲蚀的坡面，应将拦污栅(拦沙坝)和截沙井设置在坡脚处或其他易于检查和维护的区域。在设计中，应保证排水系统中的水全部通过截沙井或拦污栅。

任务 6.3　地下排水

地下排水的工程措施有渗沟、盲沟、渗井、排水洞、排水孔、集水井、盲洞及渗井等。边坡地下排水工程中，应用较多的是渗沟、盲沟、排水洞、排水孔及集水井。下面主要介绍排水孔和集水井，其他地下排水设施可参见公路设计手册《路基》。

6.3.1　排水孔

1)排水孔的分类

排水孔是地下排水的一种重要方式。排水孔施工简单、快速，而且可控制较大范围的地下水。

通常排水孔可分为以下两种：

①通过坡面（包括挡土墙面）打排水孔，以疏干地下水，如图6.3所示。

图6.3　深汕高速 K101 滑坡仰斜孔排水

②与地下排水廊道或抽水井相连，以增加这些排水建筑物的控制范围。

2）排水孔的技术要求

边坡规范规定，仰斜式排水孔和泄水孔设计应符合下列规定：

①用于引排边坡内地下水的仰斜式排水孔的仰角宜不小于6°，长度应伸直地下水富集部位或潜在滑动面，并宜根据边坡渗水情况成群分布。

②仰斜式排水孔和泄水孔排出的水宜引入排水沟予以排除，其最下一排的出水口应高于地面或排水沟设计水位顶面，且应不小于200 mm。

③仰斜式排水孔其边长或直径宜不小于100 mm，外倾坡度宜不小于5%，间距宜为2～3 m，并宜按梅花形布置；在地下水较多或有大股水流处，应加密设置。

④在泄水孔进水侧应设置反滤层或反滤包；反滤层厚度应不小于500 mm，反滤包尺寸应不小于500 mm×500 mm×500 mm，反滤层和反滤包的顶部和底部应设厚度不小于300 mm的黏土隔水层。

6.3.2　集水井

当通过排水洞和排水孔汇集的地下水不能依靠重力自动排出坡外时，可考虑采用集水井排水工程。在滑坡体外的相对稳定区域，选择在地下水最集中的位置设置直径大于3.5 m的竖井，并在井壁上设置短的水平钻孔，一般为2～3层，使附近的地下水汇集到井中，还可采用附有浮动开关的水泵自动地把水排到地表。

集水井的深度一般为15～30 m。在不稳定的区域设置集水井时，集水井应达到比滑动面浅的部位即行停止；对稳定的区域或滑坡区域外，集水井应达到基岩，并深入基岩2～3 m。

在分布有地下水系地区的附近，要考虑集水井的安全问题，集水井最好选在坚硬的地基下。也就是说，不要过分依靠井壁来汇集涌水，而应依靠水平钻孔来集水，这样比较安全。

163

任务 6.4　地下排水效果的监测

地下水监测是合理评价排水设施效果和边坡稳定性的重要工作环节。长期收集监测数据,有利于了解边坡内地下水位随季节和使用时间的变化情况,并通过这些数据发现已失效的排水措施,以便及时采取相应的措施。

1)常用的监测手段

常用的地下水监测手段有以下3种:

(1)渗流量监测

通常在排水洞的排水渠出口端布设量水堰,宜采用自动化监测手段定时采集量水堰水位,自动化监测既可节约人工,又能及时发现异常渗流情况,便于采取措施。

(2)测压管

采用开敞式测压管对边坡的地下水位进行长期监控,是一种简便、有效的手段。在滑坡监测仪器的布置中,有时还将量测岩体水平位移的测斜孔作为一个地下水位的开敞式测压管。

(3)渗压计

在渗透系数较小的土和岩石中布置开敞式测压管,存在着时间滞后现象。必要时,可布置渗压计。为了全面地了解渗流场的情况,有时也在一个钻孔的不同高程布置几个渗压计。此时,对钻孔各段的封堵和渗压计的安装有较高的工艺要求,并且宜在有经验的技术人员指导下进行。

2)监测成果分析

通常使用专门设计的数据库软件或电子表格处理和分析监测成果。

有关地下水监测及其成果分析的详细内容可参考郑颖人等编写的《边坡与滑坡工程治理》。

任务 6.5　排水施工

边坡排水设施施工前,宜先完成临时排水设施;施工期间,应经常对临时排水设施进行维护,保证排水畅通。

截水沟和排水沟施工应符合下列规定:

①截水沟和排水沟采用浆砌块石、片石时,砂浆应饱满,沟底表面粗糙。

②截水沟和排水沟的水沟线形要平顺,转弯处宜为弧线形。

渗流沟施工应符合下列规定:

①边坡上的渗流沟宜从下向上分段间隔开挖,开挖作业面应根据土质选用合理的支撑形式,并应随挖随支撑、及时回填,不可暴露太久。

②渗流沟渗水材料顶面应不低于坡面原地下水位;在冰冻地区,渗流沟埋置深度应不小于当地最小冻结深度。

③在渗流沟的迎水面反滤层应采用颗粒大小均匀的碎、砾石分层填筑;土工布反滤层采用

缝合法施工时,土工布的搭接宽度应大于 100 mm,铺设时应紧贴保护层,不宜拉得过紧。

④渗流沟底部的封闭层宜采用浆砌片石泥沙浆勾缝,寒冷地区应设保温层,并加大出水口附近纵坡;保温层可采用炉渣、沙砾、碎石或草皮等。

排水孔施工应符合下列规定:

①仰斜式排水孔成孔直径宜为 75~150 mm,仰角应不小于 6°;孔深应延伸至富水区。

②仰斜式排水管直径宜为 50~100 mm,渗水孔宜采用梅花形排列,渗水段裹 1~2 层无纺土工布,防止渗水孔堵塞。

③边坡防护工程上的渗水孔可采取预埋 PVC 管等方式施工,管径宜不小于 50 mm,外倾坡度宜不小于 0.5%。

项目小结

边坡稳定性由内因和外因共同决定。在产生滑坡的自然外因中,降雨、融雪和地下水的渗流作用则是最大的外因,边坡规范中对滑坡有"无水不滑"的说法,水对边坡稳定性有显著的影响。

边坡排水计算包括确定设计径流量、确定排水沟渠(管)所需的断面尺寸、计算排水沟渠(管)的允许流速。

坡面排水沟渠包括排水沟、边沟、截水沟、急流槽及跌水等。在设计中,应做好防冲和防淤措施,保证排水系统顺畅。

地下排水的工程措施有渗沟、盲沟、渗井、排水洞、排水孔、集水井、盲洞及渗井等。边坡地下排水工程中,应用较多的是渗沟、盲沟、排水洞、排水孔及集水井。

思考与练习

1.水对边坡稳定性有什么影响?

2.《建筑边坡工程技术规范》(GB 50330—2013)对坡面排水设计有哪些具体的规定?

3.常见的地下排水工程措施有哪些?

4.截水沟与排水沟有什么区别?

项目 **7** 边坡绿化工程概述

学习内容

本项目主要介绍环境和边坡绿化的基本概念,边坡植被防护与绿化的基本规定,边坡绿化常用方法及常用的绿化植物,以及植被防护与边坡绿化施工的技术要点。

学习目标

1. 掌握环境和边坡绿化的基本概念。
2. 掌握边坡植被防护与绿化的常用方法。
3. 掌握常用的边坡绿化植物及其适用条件。
4. 掌握植被防护与边坡绿化施工的技术要点。

任务7.1 环境和边坡绿化概念

7.1.1 环境概念

《中华人民共和国环境保护法》明确指出,本法所称环境,是指影响人类生存和发展的各种天然的和经过人工改造的自然因素的总体,包括大气、水、海洋、土地、矿藏、森林、草原、湿地、野生生物、自然遗迹、人文遗迹、自然保护区、风景名胜区、城市和乡村等。这里指的是作用于人类这一客体的所有外界事物,即对于人类来说,所谓环境,就是人类的生存环境,是人类赖以生存和发展的各种因素的总和。环境总是相对于某一中心事物而言的,总是作为某一中心事物的对立面而存在的。它因中心事物的不同而不同,随中心事物的变化而变化,与某一中心事物有关的周围事物就是这个中心事物的环境。在环境科学中,把环境分为自然环境和人工环境。

环境岩土工程是一门跨学科的新兴科学。它包括土壤和岩石以及它们与各种环境因素的相互作用。它与环境圈(包括大气圈、生物圈、水圈、岩石圈以及地球微生物圈)的相互作用关系如图7.1所示。它涉及岩土力学与岩土工程、卫生工程、环境工程、土壤学、地质学、水文地质、水文地球物理、地球化学、工程地质、采矿工程及农业工程等。

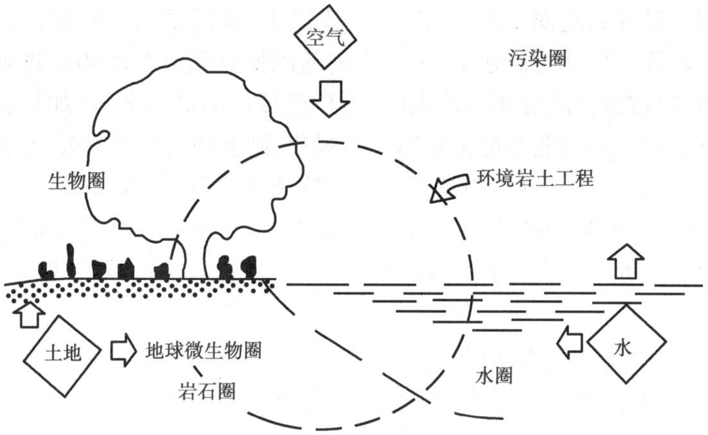

图7.1　环境岩土工程与环境圈的相互作用关系

环境岩土工程的研究范畴有狭义的和广义之分。狭义的环境岩土工程问题,是由人类活动引起的次生环境岩土工程。其表现方式可分为环境污染和环境破坏两种类型。环境污染是指人类活动向环境排放了超过环境自净能力或环境质量标准的有毒有害物质和能量所引起的环境问题;环境破坏是指在开发利用自然环境和自然资源的非排污性活动过程中所引起的问题。例如,边坡开挖引起的滑坡灾害,打桩、盾构和顶管推进以及基坑开挖对周围建筑及道路的影响,降水工程和地下工程引起的环境问题,水土流失、土壤盐碱化、自然景观的破坏等问题。

"环境地质"一词最早出现于20世纪60年代末、70年代初一些西方工业发达国家的文献中。那时,这些工业发达国家已认识到环境问题的迫切性,开始把滑坡、泥石流、地面沉降、城市地质等问题研究列为环境地质研究的范畴。1982年再版的Michael Allaly主编的《环境辞典》中,将环境地质一词定义为:应用地质数据和原理,解决人类占有或活动造成的问题(如矿物的采取、腐败物容器的建造、地表侵蚀等的地质评价)。环境地质在我国出现和使用较晚,但也是随着一系列严重的环境问题(如环境污染、地质灾害等)对生产、生活的影响越来越突出而提出的。

应当指出,地质环境与环境地质有完全不同的含义和性质,两者不能互相通用,混淆不分。与地质环境的区别在于,环境地质是研究人类技术经济活动与地质环境相互作用、影响的学科,是以地质环境为研究对象的科学。地质环境是有空间概念的,而环境地质没有空间概念。

边坡环境是指边坡影响范围内或影响边坡安全的岩土体、水系、建(构)筑物、道路及管网等的统称。

7.1.2　边坡与环境

人类在开发利用大自然的同时也破坏了大自然原有的生态平衡。例如,公路、铁路、水利、电力、矿山等工程,在建设过程中经常要大量挖方与填方,从而形成大量裸露边坡。这会带来一系列环境问题,如水土流失、滑坡、泥石流、局部小气候的恶化及生物链的破坏等。这些建筑边坡靠自然界自身的力量恢复生态平衡往往需要较长时间,特别是陡峭的岩石边坡,往往不能自然恢复。

在进行边坡设计与工程滑坡防治中充分结合生态工程,绿化和美化环境,保护和恢复自然,正越来越受到全世界的重视。20 世纪 90 年代以来,我国基础设施建设,尤其是高速公路建设快速发展,在高等级公路的修建中,出现大量的深挖路堑与高填路堤边坡,其边坡处治问题十分突出。公路边坡沿公路分布的范围广,对自然环境的破坏面大,如果在处治的同时,注意保护环境和美化环境,采用适当的植被防护与绿化,则会使公路具有安全、舒适、美观以及与环境相协调等特点,也将会产生可观的经济效益、社会效益和生态效益。

建筑边坡与环境有着紧密的联系,它们相互影响、相互制约。研究边坡与环境的相互作用将涉及边坡工程学、环境工程、土壤学、地质学、水文地质、水文地球物理、地球化学及工程地质等。

边坡对环境的影响主要表现在以下 3 个方面:

①在不同建设工程中形成的边坡处治可能会造成占用土地、砍伐森林、拆迁建筑物、破坏自然风貌及人文景观等一系列社会环境问题。

②在边坡工程施工过程中,因开挖使地表植被遭到破坏,原有表土与植被之间的平衡关系失调,表土抗蚀能力减弱,在雨滴和风蚀作用下水土极易流失,严重时造成滑坡、泥石流、山洪等危害。同时,边坡处治工程常常改变边坡周围环境的小气候。

③当一个边坡位于自然景区时(如公路、铁路、水电建设等),必然会给自然景观的和谐性带来影响,从而改变人们的视觉平衡。植物不仅对生态环境起着决定性的作用,而且也是自然景观最美丽的皮肤。边坡的开挖和处治本身要占用自然空间,这就等于撕掉自然界景观的一块皮肤。在环境生态价值减少的同时,也会给自然景观带来严重的损害。

此外,边坡开挖与处治形成的取土场地、材料堆放场地等,也会破坏自然植被。

7.1.3 边坡绿化特点

1)边坡绿化植被的护坡效益

边坡绿化工程中除了可能存在的工程防护外,植被在护坡中起到显著的作用。具体表现在:坡面植被能减弱雨水对坡面土体的侵蚀,通过根系的加筋与锚固作用,能提高根系分布区土体的强度,蒸腾作用可降低孔隙水压力,有利于边坡的浅层稳定。

(1)降雨截留,削弱溅蚀,控制土壤流失

植物的生长层(包括花被、叶鞘、叶片、茎)通过自身致密的覆盖能截留降雨,削弱雨水对坡面土壤的击溅分离作用。植物拦截高速落下的雨滴,增加坡面的粗糙度,从而降低暴雨径流的冲刷能量和地表径流速度;植物根系在土体中纵横交织,其三维空间结构将土粒包裹,增强了土体的稳定性,能有效控制土壤流失。

(2)深根的锚固作用和浅根的加固作用

根系层对坡面的地表土壤加筋锚固,提供机械稳定作用。一般情况下,在植物生长初期,单株植物形成的根系只是松散地纠结在一起,没有长卧的根系,易与土层分离,起不到保护作用。随着时间推移,植物的繁殖,强度增加,作用越来越明显。禾草、豆科植物和小灌木在地下 $0.75 \sim 1.5$ m 有明显的土壤加强作用,树木加强的锚固可能影响地下更深的土层。植草的根系在土中盘根错节,使边坡根系分布区土体成为土与草根的复合材料。草根可视为带预应力的三维加筋材料,使土体强度提高。

（3）降低坡底空隙水压力

植物通过根系吸收和蒸腾坡体内的水分，降低土体的空隙水压力，提高土体的抗剪强度，有利于边坡体的稳定。

边坡绿化植物的这些防护作用在边坡绿化工程初期可能较弱，但随着坡面植物群落的不断发展，护坡植物的这种防护效果会逐步增强并趋于稳定，这对于工程防护随着水泥的老化和钢筋的腐蚀防护效果明显减弱的缺点来说，有利于边坡的长期稳定。

2）边坡绿化植被生态效益

边坡绿化植被具有明显的生态效应。它能净化环境并改善小气候，进行生态环境修复，以及视觉美化和降低噪声等。

（1）促进有机污染物的降解，净化大气，调节小气候

绿色植物的光合作用以及植物的分泌物和酶能促进土壤中的微生物的活性，增强其生物转化作用和矿化作用，有利于植物对有机污染物的吸收和分解。

（2）恢复被破坏的生态环境

基础建设可能造成整个生态系统的功能退化，通过边坡绿化，植被为动植物提供栖息繁衍的场所，有效促进不同生态板块之间的联系，促进整个生态系统的恢复和稳定。

（3）降低噪声、光污染，保证行车安全

裸露的边坡易使人产生视觉疲劳，会对行车安全带来隐患，公路行车噪声对附近居民也有较大污染。通过种植植物，进行三维设计，改善边坡在时间和空间上的景观效应，营造出一种舒适、美观的视觉享受。植物的茎叶覆盖于地表，茂密而松软的叶片具有很好的弹性，能有效地吸收声音，减缓噪声的危害。北京林业科学研究所测定，20 m 宽的草坪可减少噪声 2 dB。

3）边坡绿化植被的不足

边坡绿化工程中植物作用也有一定的局限性，如植被根系的延伸使土体劈裂，增加岩土体的裂隙和渗透性。植物根系的深根锚固作用无法控制边坡更深层次的滑动，若根系不能到达稳定土层，其作用则不明显。高陡边坡，如不采取工程措施，植物生长基质也难以附着于坡面，某些植物对生长环境要求较特殊，植物难以生长。

因此，边坡绿化技术应进一步结合工程措施，充分发挥各自的优点，有效处理边坡工程防护与生态环境破坏的矛盾，既保证边坡的稳定，又实现坡面的快速恢复，达到人类活动与自然环境的和谐。

任务 7.2　边坡植被防护与绿化技术

对边坡已造成的环境破坏进行生态恢复，目前国内外采用的主要方法就是边坡的植被防护与坡面绿化技术。

坡面绿化与植被防护是一个统一体，是在两个不同视野上的不同体现。

坡面绿化与植被防护的唯一区别在于：前者注意美化边坡与景观作用，后者注重植物根系的固土作用，因而在植物种类的选择上有所区别。在建筑边坡中，经常是两者同时兼顾。因此，边坡绿化既可美化环境、涵养水源、防止水土流失和坡面滑动、净化空气，也可对坡面起到防护作用。对于石质挖方边坡而言，边坡绿化的环保意义和对山地城市景观的改善尤其突出。

边坡植被防护所用的植物通常有木本植物、藤本植物、草本植物以及草木混合植物。植物栽种方法有栽植法和播种法。播种法有机械播种法和人工播种法。播种方式有点播、条播、撒播，主要用于草本植物的绿化。其他植物绿化适用栽种法。植生土有客土和原地土。客土有移土和植被混凝土。

岩土边坡植物护坡防护技术与传统的圬工相比，不仅具有防护功能，而且能快速改善建设工程场地的生态环境。因此，世界各国都在不断研发与应用。土质边坡植被防护技术的发展源于草坪技术的发展和应用，而草坪的利用源于亚洲，兴起于欧洲，发展于美洲。其播种方式经历了从单播植物技术到混播技术，从人工播种、机械液压喷播技术到草坪卷生产技术的发展历程。岩质边坡植被防护技术的发展晚于土质边坡。

在国内，铁路、公路、水利部门通常采用撒草籽、铺草皮来解决土质边坡的绿化问题。近年来，随着"绿色通道建设"工作的推进，我国也开始借鉴和引用国外先进技术和成功经验，逐步从传统的边坡防护向边坡绿色防护转变，从传统的撒草籽、铺草皮绿化方式向现代的液压喷播、土工网垫植草、草皮卷植草等新型绿色防护技术转变。例如，京珠、郑（州）洛（阳）高速公路等一批国家重点工程中已成功采用了液压喷播植草护坡，从而大大提高了土质边坡植草的快速成活率和公路沿线的整体景观效果。

7.2.1 植被防护与绿化基本规定

植被防护形式较多。其中，三维植被网以热塑树脂为原料，采用科学配方，经挤出、拉伸、焊接、收缩等工序而制成。其结构分为上下两层：下层为一个经双面拉伸的高模量基础层，强度足以防止植被网变形；上层由具有一定弹性的、规则的、凹凸不平的网包组成。网包的作用是能降低雨滴的冲蚀能量，通过网包阻挡坡面雨水，能很好地固定充填物（土、营养土、草籽）而不被雨水冲走，为植被生长创造良好条件。另外，三维网包在坡面上，直接对坡面起固筋作用。当植物生长茂盛后，根系与三维网盘错、连接、纠缠在一起，坡面和土相接并形成一个坚固的绿色复合保护整体，起到复合护坡的作用。

7.2.2 边坡绿化常用方法

1）传统的边坡绿化方法

传统的边坡防护类型，对土质边坡，主要有撒草籽、铺草皮、干砌片石、浆砌片石护坡；对岩石边坡，主要有挂网喷浆、喷混凝土护坡和浆砌片石护墙等。这些护坡、护墙各有其适应条件和特点。

（1）撒草籽、铺草皮护坡

撒草籽、铺草皮护坡是指人工铺贴草皮、栽种灌木或撒播草籽。多用于草皮来源较易、边坡高度不高且坡度较缓的土质路堤边坡。其施工方便，造价较低，但成活率低，见效慢，工程质量难以保证，往往达不到满意的防护效果而造成坡面冲沟，表面溜坍等边坡病害，导致大量的边坡整治工程。同时，大量的移植草皮易造成新的环境破坏和水土流失。

（2）干砌片石护坡

多用于当地草皮缺乏，石料来源丰富，边坡较缓但较高的土质边坡。其防护效果好，但施工速度慢，造价较高，缺乏景观效果，不适应"绿色环保"的要求。

（3）浆砌片石护坡

大多用于石料来源丰富、边坡较陡的防护工程。其优点是可以一劳永逸；其缺点是造价高，缺乏景观效果。

（4）浆砌片石等圬工骨架护坡

它是草皮和圬工骨架护坡相结合的防护措施。其效果较好，但传统的铺草皮方式有待改进。

（5）喷浆、挂网喷浆、喷混凝土护坡及浆砌片石护墙

适用于岩石边坡，初期强度高，抗雨水冲蚀能力强，但造价高，也缺乏景观效果，不符合"绿色环保"要求。

2）液压喷播植草护坡技术

液压喷播植草护坡是利用液态播种原理，将草籽、肥料、黏着剂、纸浆、土壤改良剂及色素等按一定比例在混合箱内配水搅匀，通过机械加压喷射到边坡坡面而完成植草施工的绿化技术。液压喷播具有以下优点：

①机械化程度高，可大面积快速植草。液压喷播机是一种高效的现代化的植草机械，一台液压喷草机可日喷草 8 000～10 000 m^2。

②适应性广，可在人工难以施工的地域建植草坪。由于液压喷播机上装有可任意调节方向的高压喷料枪，其喷料扬程为 30～80 m。此外，还配有超过 30 m 的喷料软管。因此，液压喷播机可在人工难以施工的陡坡、高坡上建植草坪。

③在植物难以成活的地域建植草坪。喷料枪高速喷出的种子混合液中含有营养物及土壤等配料，可使植物在难以生存的场所生长成坪，特别是配料中含有保水剂，这种保水剂可吸收相当于自身数十倍至数百倍的水分，而且它不仅吸水能力强，吸水后即使用力挤压水也不会流出；但将其混入土壤中，水分却能慢慢释放出来。因此，应用保水剂可改善土壤物理特性，有利于通风透气，蓄水排水，尤其可提高抗旱性。

④能建植高质量的草坪。液压喷植机所喷出的是事先经过催芽的草种，这样可免去草种萌发所需的时间，再加上地表形成一层薄膜，能保温保水。因此，出苗快，生长迅速，能很快覆盖地表，而且密度均匀，封闭度好。

⑤养护简单，喷播后基本不用浇水就能成坪，适合管理粗放的荒山荒坡。

⑥可根据具体的自然条件或按设计要求，选择几种不同的草籽进行混播，以达到覆盖度、根系、生长期、抗逆性等方面优势互补的效果。

3）土工网垫植草护坡技术

土工网垫植草护坡是利用国外近年来开发的集边坡加固、植草防护和绿化于一体的复合型防护措施。其施工顺序为：平整边坡—铺设土工网垫—摊铺种植土—人工或机械播种。也可在草皮培育场按上述工序培植成人工草皮卷后，再整体贴铺在需要防护的边坡上。土工网垫（又称三维网垫）不仅具有加固边坡的功能，在播种初期还能起到防止雨水冲刷，保持土壤以利草籽发育、生长的作用。随着植物生长、成熟，坡面逐渐被植被覆盖，植物与土工网垫共同对边坡起到了长期防护、绿化作用。

4）土工格栅与土工网垫或液压喷格植草综合护坡技术

对填料不良的土质路堤边坡，边坡上可采用土工格栅加筋材料补强，保持路堤边坡的浅层稳定；同时，对坡面采用液压喷播植草或土工网垫植草，可防止雨水冲刷。

5）圬工骨架植草护坡技术

圬工骨架植草护坡技术是在修建好的边坡面上砌筑或预制混凝土构件拼装成拱形、正方

形、菱形、正六角形浆砌片石或混凝土骨架,在骨架内可采用液压喷格植草、土工网垫植草、铺人工培植草皮(当框架面积大时)。该技术所用的浆砌或混凝土骨架能有效地分散坡面雨水径流,减缓水流速度,防止坡面冲刷,保护草皮生长。同时,该技术施工简单,外观整齐,造型美观,具有边坡防护与绿化的双重效果,工程造价也适中。

6)喷植水泥土植草护坡技术

喷植水泥土植草护坡、厚层基材喷植草护坡是利用锚杆与金属网或土工网对坡面进行加固,以防止坡面浅层溜坍和厚层基材脱落,然后利用喷射机械将植生混合料喷射在敷设有金属网或土工网的岩面上,使植生基材全面覆盖整个岩石坡面,从而达到使坡面很快植草绿化的目的。由于植生基材中前者加了水泥,后者添加了高分子的稳定剂,因此,喷射后的坡面初期具有较好的抗雨水冲刷和水土保持能力。该方法适用于所有岩石坡面的植生绿化防护,是环境绿化工程的一大突破。

7)植被混凝土护坡绿化技术

植被混凝土护坡绿化技术是采用特定的混凝土配方和种子配方,对岩石边坡进行防护和绿化的新技术。它是集岩石工程力学、生物学、土壤学、肥料学、硅酸盐化学、园艺学及环境生态等学科于一体的综合环保技术。植被混凝土是根据边坡地理位置、边坡角度、岩石性质、绿化要求等来确定水泥、土、腐殖质、长效肥、保水剂、混凝土添加剂及混合植绿种子的组成比例。混合植绿种子是采用冷季型草种和暖季型草种根据生物生长特性混合优选而成。

植被混凝土边坡防护绿化技术具体做法是:先在岩体上铺上铁丝或塑料网,并用锚钉和锚杆固定;再将植被混凝土原料经搅拌后,由常规喷锚设备喷射到岩石坡面,形成近10 cm厚度的植被混凝土;喷射完毕后,覆盖一层无纺布防晒保护,水泥使植被混凝土形成具有一定强度的防护层;经过一段时间洒水养护,青草就会覆盖坡面,揭去无纺布,茂密的青草自然生长。植被混凝土护坡绿化技术可一劳永逸地解决岩坡防护与绿化问题,故称工程绿化技术。

此外,国外还有"土壤卫士"植草护坡和行栽香根草护坡。前者护坡都是通过专用机械,将新型化工产品按一定比例稀释后和草籽一起喷于坡面上,在极短时间内硬化,形成边坡表面土固结成弹性固体薄膜,达到植草初期边坡防护的目的。数月后,弹性薄膜开始逐渐分解,草种发芽、生长、成熟,根深叶茂的植物也能起到独立的边坡防护、绿化双重作用,比较适用于贫瘠的土质边坡和风化严重的岩石边坡。

1999年铁道部第二勘察设计研究院给出了各类边坡防护工程的经济指标比较,见表7.1。

表7.1 各类边坡防护工程的经济指标比较

边坡防护类型	指标/(元·m^{-2})	备注	边坡防护类型	指标/(元·m^{-2})	备注
撒草籽植草	0.8～1.5		干砌片石护坡	45～60	片石厚0.30 m,垫层0.15 m
铺草皮植草	3～5	利用天然草皮移栽	浆砌片石护坡	70～80	厚0.3 m
液压喷播植草	6～10		挂网喷混凝土	119	
人工植草移植	10～12		浆砌片石护墙	135～181	变截面护墙
网垫草皮卷移栽	18～20		浆砌骨架护坡	24～33	
人工网垫植草	18～20		喷植水泥土骨架护坡	100～120	厚10 cm

由表7.1可知,与传统的边坡防护技术相比,新型植被防护造价大多数较低,其中个别造价较高是由于该类边坡防护既能达到防护目的,又能对施工因素造成的生态环境破坏起到恢复和美化作用。因此,在保持边坡稳定的条件下,合理地选择边坡绿色防护技术从经济上来说是可行的。

8)几种特殊边坡的绿化

(1)岩石边坡绿化

岩石边坡一般属高陡边坡,无植物生长的条件,绿化时需要客土。对节理不发育、稳定性良好、坡高不超过10 m的岩坡,可考虑藤本植物绿化。其方法是在边坡附近或坡底置土,在其上栽种藤本植物,藤本植物生长、攀援、覆盖坡面。对节理发育的岩坡,应充分考虑坡面防护,一般采用植被混凝土绿化。方法是先在岩坡上挂网,再采用特定配方的台有草种的植被混凝土,用喷锚机械及工艺喷射到岩坡上,植被混凝土凝结在岩坡上后,草种从中长出,覆盖坡面。

(2)高硬度土质边坡绿化

当土壤抗压强度大于15 kg/cm^{2}时,植物根系生长受阻,植物生长发育不良。这时,可采用钻孔、开沟客土,改良土壤硬度,也可用植被混凝土绿化。

(3)陡坡绿化

对大于25°且小于45°的边坡,绿化时要特别注意边坡防护,植物可选用灌木、草本类植物,可在边坡上设置栅栏,浆砌石框格,以利于边坡稳定和植物生长,后期还要维护和管理;对大于45°的边坡,可选用植被混凝土绿化。

(4)景点边坡绿化

景点边坡绿化对美学要求高,需要经常维护和管理,绿化时需经过精心设计和施工。树木宜选用四季常青类,草类宜用生长旺盛的种类,还可选用花卉。边坡应进行必要的加固处理,设置人行通道,便于日常维护管理。

(5)路堤边坡

路堤边坡通常由各种松土压实堆积而成。一般可直接进行喷播,而后加盖无纺布。草种以百喜草和百慕大草为主,冬季加少量的黑麦草。也可采用边坡草皮铺面工程,将草皮、草籽以面状、点状或格子状的方式种植在边坡上,充分压实,让草皮、草籽与边坡土层紧密黏附。此法草籽成坪速度较快,抵抗降雨等的侵蚀能力较强。

(6)堤坝迎水面的绿化防护

在堤坝的迎水面植草,草种最好选用根茎性和缠绕性、耐湿耐水淹的种类。华南地区,以百慕大草和双穗雀混播效果较好。另外,香根草也具有良好的护坡性能,香根草根系厚达3~6 m,能抵御极度的干旱和长时间的水涝(可连续抵抗60 d的水涝),pH值适应范围很广,能在盐碱、酸性等多种土壤中生长,在迎水面、河边和海滩上生长良好,防护效果显著。但该草不结籽,只能进行分株繁殖。栽植时,以间隔20~30 cm穴栽为好,栽后3个月内达到封闭式覆盖效果。

7.2.3　植被防护与边坡绿化植被选择

1)植被品种

可用于边坡的植物资源有许多。一般情况下,选择以草本为主,藤本、灌木为辅,种源树料多样性以便因地制宜配置不同组合的方式。本地土生土长的栽培种优于进口的草坪草,本地适于绿化的野生草优于栽培草。

(1)草本植物

可用于护坡的草本植物大部分属于禾本科和豆科。禾本科植物一般生长较快,根量大,护坡效果好,但需肥较多。而豆科植物苗期生长较慢,但因可以固氮,故较耐瘠薄,耐粗放管理。其花色较鲜艳,开花期景观效果较好。

根据各草种对季节性温度变化的适应性,可分为暖季型和冷季型两类。冷季型草较耐寒,但耐热性和耐旱性较差,若适当管理,在冷热过渡地可达到四季常青。暖季型草较耐热、耐旱,但不耐寒,以地下茎或匍团茎过冬,故冬季景观效果较差,但其管理较冷季型草粗放。

冷季型草中,常用草种为高羊茅、多年生黑麦草、无芒雀麦、草地早熟禾、白三叶、红三叶、百脉根、多变小冠花、紫花首苜、草木棒及马蹄金等。

暖季型草中,常用的草种有百慕大(狗牙根)、马尾拉、结缕草、百喜草、虎尾草、隐花狼尾草、野牛草、假俭草、非洲狗尾草、湾叶画眉草、东非狗尾草、葛藤等。

(2)灌木

目前,灌木的应用较少,主要有紫穗槐、柠条、沙棘、胡枝干等。一般在硬质材料边坡首先考虑的是藤本,其次是小灌木(如爬山虎、常青藤、葛藤、崖豆藤、三叶木通、海桐球、小叶女贞球、小叶黄扬球、红叶小架、金叶女贞球、丁香球等)。松软基质坡面植被依坡度不同,在选择上有差异,可分为0~15°、15°~35°、35°~45° 3 种情况进行选择;在紧实基质坡面上与在松软基质坡面上基本相同,但很少考虑乔木和花卉,只有个别土层较厚的坡面考虑乔木。

2)植被选择原则

(1)选择适合当地气候条件的植物

选择适合当地生长的植物是关键环节。在选择绿化材料时,首先要考虑的是气温,最高气温决定植物是否能安全越夏,而最低气温决定能否安全越冬。因此,在南方应选择暖季型植物,百喜草、狗牙根、假俭草等都是适宜的草种。而在北方应选择冷季型植物,如高羊茅、多年生黑麦草、白三叶等都是适宜的草种。在冷热过渡地带,暖季型草是适宜的,但冬天的景观效果不理想。因此,可选择冷季型草中的高羊茅和白三叶,特别是要求较长绿期时。

另外,当地野生植物资源往往是最好的选择。它是在本地气候与土壤环境中长期进化的结果,最适应当地环境。我国有着丰富的植物资源,但这方面的工作还很少。常用的有茅草、野豌豆、紫穗槐等。

(2)选择根系发达、分生能力强的植物

植物根系的好坏直接关系固土能力,地下生长量越大,根系分布越深,保持水土能力越强,植物的抗逆性也越强。较强的分生可增加覆盖度,减少土壤裸露,减少降水的侵蚀能力。但是,植物不能过高,生长不能太快,否则会影响景观,增加维护成本。选择根状茎的植物,如狗牙根、假俭草、白三叶,可达到目的。

(3)选择抗性强、耐瘠薄的植物

边坡土壤一般较为贫瘠,因此,应选择较耐瘠薄的植物;边坡土壤保水性能差,应选择耐旱的植物。同时,由于养护强度低,还要求植物具有较好的抗病性。在温带和寒带,可选用草地早熟禾、细羊茅、黑麦草;在半干旱地区,可选择野牛草、冰草和格兰马草;在亚热带地区,可选择狗牙根、百喜草和结缕草。高羊茅草可用于亚热带和温带的过渡地带。

(4)采用混播技术

一种草往往不能满足各方面的要求,如狗牙根是一理想的护坡草种,但绿色期短;高羊茅也是理想的护坡草种之一,绿色期长,但越夏有些困难;白三叶覆盖好,能自养,但苗期生长短,护坡效果不理想。同时,单一植被易退化,且难以恢复。而多种植物混合可增加群体的生物多样性和稳定性。因此,可将不同的草种按一定的比例混合起来,使其在不同的阶段发挥作用。如可将一年生黑麦、高羊茅、白三叶混播,一年生黑麦草可提供快速的植被,高羊茅和白三叶提供持久的覆盖。还可将冷、暖季草混合,起到四季常绿的效果,如高羊茅与结缕草混播。将多种草花混合,也能达到"三季有花,四季常青"的效果。

任务7.3　植被防护与边坡绿化施工

植被防护施工应符合下列规定:

①种草施工,草籽应撒布均匀,并做好保护措施。

②灌木、树木应在适宜季节栽培。

③客土喷播施工所喷播植草混合料中,植生土、土壤稳定剂、水泥、肥料、混合草籽和水等的配合比应根据边坡坡率、地质情况和当地气候条件确定,混合草籽用量每 $1\,000\ m^2$ 宜不小于 25 kg;在气温低于 12 ℃时,不宜喷播作业。

④铺、种植被后,应适时进行洒水、施肥等养护管理,植物成活率应达到 90% 以上;养护用水不应含油、酸、碱、盐等有碍草木生长的成分。

项目小结

建筑边坡与环境有着紧密的联系,它们相互影响、相互制约。边坡绿化工程中,除了可能存在的工程防护外,植被在护坡中起到显著的作用。边坡绿化植被的护坡效益和生态效益显著。

边坡绿化常用方法有液压喷播植草护坡技术,土工网垫植草护坡技术,土工格栅与土工网垫或液压喷格植草综合护坡技术,圬工骨架植草护坡技术,喷植水泥土植草护坡技术,以及植被混凝土护坡绿化技术等。

植被防护施工应按照施工规定和施工程序进行,同时应做好边坡绿化的养护与管理工作。

思考与练习

1. 什么是边坡环境？建筑边坡与环境有什么关系？

2. 边坡绿化有什么特点？

3. 边坡绿化常用的方法有哪些？它们各有什么特点？

4. 边坡绿化施工的主要技术措施有哪些？

5. 边坡绿化植物的选取原则有哪些？常用的绿化植被有哪些？它们各有什么特点？

项目 **8**
边坡工程施工、监测、质量检验及验收

学习内容

本项目主要介绍边坡工程施工的一般规定,施工组织设计,信息法施工要点,爆破施工技术要点,施工险情应急处理要点,边坡工程监测意义,常用监测仪器和监测方法,以及边坡工程质量检验和验收技术要点等。

学习目标

1. 熟练掌握边坡工程施工组织设计的编制意义和主要内容。
2. 熟悉边坡工程信息法施工的技术要点。
3. 熟悉边坡工程常用的监测仪器和监测方法。
4. 熟悉边坡工程质量检验和验收的技术要点。

任务8.1 边坡工程施工

8.1.1 边坡工程施工的一般规定

边坡工程施工的一般规定如下:

①边坡工程应根据安全等级、边坡环境、工程地质和水文地质、支护结构类型和变形控制要求等条件编制施工方案,采取合理、可行、有效的措施,保证施工安全。

②对土石方开挖后不稳定或欠稳定的边坡,应根据边坡的地质特征和可能发生的破坏方式等情况,采取自上而下、分段跳槽、及时支护的逆作法或部分逆作法施工。未经设计许可,严禁大开挖、爆破作业。

③不应在边坡潜在滑塌区超量堆载。

④边坡工程的临时性排水措施应满足地下水、暴雨和施工用水等的排放要求,有条件时宜结合边坡工程的永久性排水措施进行。

⑤边坡工程开挖后,应及时按设计实施支护结构施工或采取封闭措施。

⑥一级边坡工程施工应采用信息法施工。

⑦边坡工程施工应进行水土流失、噪声及粉尘控制等的环境保护。

⑧边坡工程施工除应符合国家标准《建筑边坡工程技术规范》(GB 50330—2013)的规定外,还应符合《土方与爆破工程施工及验收规范》(GB 50201—2012)的有关规定。

对土石方开挖后不稳定的边坡,无序大开挖、大爆破造成事故的工程实例太多。采用"自上而下、分阶施工、跳槽开挖、及时支护"的逆作法或半逆作法施工是边坡施工成功经验的总结。因此,应根据边坡的稳定条件,选择安全的开挖施工方案。

8.1.2 施工组织设计

施工组织设计是用来指导施工项目全过程各项活动的技术、经济和组织的综合性文件,是施工技术与施工项目管理有机结合的产物。它能保证工程开工后施工活动有序、高效、科学、合理地进行,并安全施工。

边坡工程施工组织设计是贯彻实施设计意图,执行规范、规程,确保工程进度、工期、工程质量,以及指导施工活动的主要技术文件。施工单位应认真编制,严格审查,实行多方会审制度。

8.1.3 信息法施工

信息法施工应符合下列规定:

①按设计要求实施监测,掌握边坡工程监测情况。

②编录施工现场揭示的地质状态,与原地质资料对比变化图,为施工勘察提供资料。

③根据施工方案,对可能出现的开挖不利工况进行边坡及支护结构强度、变形和稳定验算。

④建立信息反馈制度。当开挖后的实际地质情况与原勘察资料变化较大,支护结构变形较大,监测值达到报警值等不利于边坡稳定的情况发生时,应及时向设计、监理、业主通报,并根据设计处理措施调整施工方案。

⑤施工中出现险情时,应按下节的要求进行处理。

信息法施工的准备工作应包括下列内容:

①熟悉地质及环境资料,重点了解影响边坡稳定性的地质特征和边坡破坏模式。

②了解边坡支护结构的特点及技术难点,掌握设计意图及对施工的特殊要求。

③了解坡顶需保护的重要建(构)筑物基础、结构和管线情况及其要求,必要时采取预加固措施。

④收集同类边坡工程的施工经验。

⑤参与制订和实施边坡支护结构、邻近建(构)筑物和管线的监测方案。

⑥制订应急预案。

8.1.4 爆破施工

边坡爆破施工应符合下列规定:

①在爆破危险区应采取安全保护措施。

②爆破前,应对爆破影响区建(构)筑物的原有状况进行查勘记录,并布设好监测点。

③爆破施工应符合《建筑边坡工程技术规范》(GB 50330—2013)对施工组织设计的要求。

当边坡开挖采用逆作法时,爆破应配合放阶施工;当爆破危害较大时,应采取控制爆破措施。

④支护结构坡面爆破,宜采用光面爆破法;爆破坡面,宜预留部分岩层采用人工挖掘休整。

⑤爆破施工技术还应符合现行国家有关标准的规定。

爆破影响区有建筑物时,爆破产生的地面质点震动速度应按表8.1确定。

表 8.1   爆破安全允许震动速度

保护对象类型	安全允许震动速度/$(cm \cdot s^{-1})$		
	< 10 Hz	10 ~ 50 Hz	50 ~ 100 Hz
土坯房、毛石房屋	0.5 ~ 1.0	0.7 ~ 1.2	1.1 ~ 1.5
一般砖房、非抗震的大型砌块建筑	2.0 ~ 2.5	2.3 ~ 2.8	2.7 ~ 3.0
混凝土结构房屋	3.0 ~ 4.0	3.3 ~ 4.5	4.2 ~ 5.0

注:Hz—频率符号。

对稳定性较差的边坡或爆破影响范围内坡顶有重要建筑物的边坡,爆破震动效应应通过爆破震动效应监测或试爆试验确定。

8.1.5   施工险情应急处理

当边坡变形过大,变形速率过快,周边环境出现沉降开裂等险情时,应暂停施工,并根据险情状况采用下列应急处理措施:

①坡底被动区临时压重。

②坡顶主动区卸土减载,并应严格控制卸载程序。

③做好临时排水、封面处理。

④临时加固支护结构。

⑤加强险情区段监测。

⑥立即向勘察、设计等单位反馈信息,及时按施工现状开展勘察及设计资料复审工作。

边坡施工出现险情时,施工单位应做好边坡支护结构及边坡环境异常情况收集、整理、汇编等工作。

边坡施工出现险情后,施工单位应会同相关单位查清险情原因,并应按边坡排危抢险方案的原则,制订施工抢险方案。

施工单位应根据施工抢险方案,及时开展边坡工程抢险工作。

任务 8.2   边坡工程监测

8.2.1   概述

边坡岩土体的破坏一般不是突然发生的,破坏前总是有一个变形发展期。通过对边坡岩土体的变形量测,不但可预测、预报边坡的失稳滑动,还可运用变形的动态变化规律检验边坡处治效果。

1)边坡工程监测意义

边坡处治最终使其达到一定的平衡状态,但由于边坡岩土体的复杂性,从地质勘察到处治均不可能完全考虑边坡内部的真实岩土力学效应。因此,边坡设计计算进行了很大程度的简化。为了反映边坡岩土真实力学效应、检验设计施工的可靠性和处治后的边坡稳定状态,边坡工程监测具有极其重要的意义。

边坡处治监测的主要任务就是检验设计施工、确保安全,通过监测数据反演分析边坡的内部力学作用,同时积累丰富的资料作为其他边坡设计和施工的参考。边坡工程监测的意义在于:

①为边坡设计提供必要的岩土工程和水文地质等技术资料。

②边坡监测可获得更充分的地质资料(应用侧斜仪进行监测和无线边坡监测系统监测等)和边坡发展的动态,从而圈定可疑边坡的不稳定区段。

③通过边坡监测,确定不稳定边坡的滑落模式,确定不稳定边坡滑移方向和速度,掌握边坡发展变化规律,为采取必要的防护措施提供重要的依据。

④通过对边坡加固工程的监测,评价治理措施的质量和效果。

⑤为边坡的稳定性分析提供重要依据。

边坡工程监测是边坡研究工作中的一项重要内容。随着科学技术的发展,各种先进的监测仪器设备、监测方法和监测手段的不断更新,边坡监测工作的水平也在不断提高。

2)边坡工程监测内容

按照所处阶段,边坡工程监测包括边坡施工安全监测、边坡处治效果监测和边坡动态长期监测。一般以施工安全监测和处治效果监测为主。

(1)边坡施工安全监测

边坡施工安全监测包括地面变形监测、地表裂缝监测、滑动深部位移监测、地下水位监测、孔隙水压力监测及地应力监测等。施工安全监测的数据采集原则上采用24 h自动实时观测方式进行,以使监测信息能及时地反映边坡体变形破坏特征,供有关方面作出决断。如果边坡稳定性好,工程扰动小,可采用8~24 h观测一次的方式进行。

(2)边坡处治效果监测

边坡处治效果监测是检验边坡处治设计和施工效果、判断边坡处治后的稳定性的重要手段。一方面可了解边坡体变形破坏特征,另一方面可针对实施的工程效果进行检测。例如,监测预应力锚索应力值的变化、抗滑桩的变形和土压力、排水系统的过流能力等,以直接了解工程实施效果。通常结合施工安全和长期监测进行,以了解工程实施后边坡体的变化特征,为工程的竣工验收提供科学依据。边坡处治效果监测时间长度一般要求不少于1年,数据采集时间间隔一般为7~10 d。在外界扰动较大时,如暴雨期间,可加密观测次数。

(3)边坡动态长期监测

边坡动态长期监测是在防治工程竣工后,对边坡体进行动态跟踪,了解边坡体稳定性变化特征。长期监测主要对一类边坡防治工程进行。边坡动态长期监测一般沿边坡主剖面进行,监测点的布置少于施工安全监测和防治效果监测;监测内容主要包括滑带深部位移监测、地下水位监测和地面变形监测。数据采集时间间隔一般为10~15 d。

边坡监测的具体内容应根据边坡的等级、地质及支护结构的特点进行考虑。通常对一类边坡防治工程,建立地表和深部相结合的综合立体监测网,并与长期监测相结合;对二类边坡防治工程,在施工期间建立安全监测和防治效果监测点,同时建立以群测为主的长期监测点;对三类边坡防治工程,建立群测为主的简易长期监测点。

边坡监测项目一般包括地表大地变形监测、地表裂缝位错监测、地面倾斜监测、裂缝多点位移监测、边坡深部位移监测、地下水监测、孔隙水压力监测及边坡地应力监测等,见表8.2。

表8.2　边坡工程监测项目表

监测项目	监测内容	监测点布置	监测方法与仪器
变形监测	地表大地变形、地表裂缝位错、边坡深部位移、支护结构变形	边坡表面、裂缝、滑带、支护结构顶部	经纬仪、全站仪、GPS、伸缩仪、位错计、钻孔倾斜仪、多点位移计、应变仪等
应力监测	边坡地应力、锚杆(索)拉力、支护结构应力	边坡内部、外锚头、锚杆主筋、结构应力最大处	压力传感器、锚索测力计、压力盒、钢筋计等
地下水监测	孔隙水压力、扬压力、动水压力、地下水水质、地下水、渗水与降雨关系以及降雨、洪水与时间关系	出水点、钻孔、滑体与滑面	孔隙水压力仪、抽水试验、水化学分析等

《建筑边坡工程技术规范》规定,边坡工程监测项目见表8.3。

表8.3　边坡规范规定边坡工程监测项目表

测试项目	测点布置位置	边坡工程安全等级		
		一级	二级	三级
坡顶水平位移和垂直位移	支护结构顶部或预估支护结构变形最大处	应测	应测	应测
地表裂缝	墙顶背后1.0H(岩质)~1.5H(土质)	应测	应测	选测
坡顶建(构)筑物变形	边坡坡顶建筑物基础、墙面和整体倾斜	应测	应测	选测
降雨、洪水与时间关系	—	应测	应测	选测
锚杆(索)拉力	外锚头或锚杆主筋	应测	选测	可不测
支护结构变形	主要受力构件	应测	选测	可不测
支护结构应力	应力最大处	选测	选测	可不测
地下水、渗水与降雨关系	出水点	应测	选测	可不测

注:1.在边坡滑塌区内有重要建(构)筑物,破坏后果严重时,应加强对支护结构的应力监测。

　　2.H—边坡高度,m。

边坡滑塌区内有重要建(构)筑物的一级边坡工程施工时,必须对坡顶水平位移、垂直位移、地表裂缝及坡顶建(构)筑物变形进行监测。

边坡工程应由设计单位提出监测项目和要求,由业主委托有资质的监测单位编制监测方案。监测方案应包括监测项目、监测目的、监测方法、测点布置、检测项目报警值及信息反馈制度等,经设计、监理和业主等共同认可后实施。

3)边坡工程监测的基本要求

边坡工程监测应符合下列规定:

①坡顶位移观测,应在每一典型边坡段的支护结构顶部设置不少于3个监测点的观测网,观测位移量、移动速度和移动方向。

②锚杆拉力和预应力损失监测,应选择有代表性的锚杆(索),测定锚杆(索)应力和预应力损失。

③非预应力锚杆的应力监测根数宜不少于锚杆总数的3%,预应力锚杆的应力监测根数宜不少于锚索总数的5%,且均应不少于3根。

④监测工作可根据设计要求、边坡稳定性、周边环境及施工进程等因素进行动态调整。

⑤边坡工程施工初期,监测宜每天一次,且应根据地质环境复杂程度、周边建(构)筑物、管线对边坡变形敏感程度、气候条件和监测数据调整监测时间及频率。当出现险情时,应加强监测。

⑥一级永久性边坡工程竣工后的监测时间宜不少于2年。

地表位移监测可采用GPS法和大地测量法,可辅以电子水准仪进行水准测量。在通视条件较差的环境下,采用GPS监测为主;在通视条件较好的情况下,采用大地测量法。边坡变形监测与测量精度应符合国家标准《工程测量规范》(GB 50026—2007)的有关规定。

应采取有效措施,监测地表裂缝、位错等变化。监测精度对岩质边坡,分辨率应不低于0.50 mm;对土质边,分辨率应不低于1.00 mm。

边坡工程施工过程中,监测期间遇到下列情况时,应及时报警,并采取相应的应急措施:

①有软弱外倾结构面的岩土边坡支护结构坡顶有水平位移迹象或支护结构受力裂缝有发展;无外倾结构面的岩质边坡或支护结构构件的最大裂缝宽度达到国家相关标准的允许值;土质边坡支护结构坡顶的最大水平位移已大于边坡开挖深度的1/500或20 mm,以及其水平位移速度已连续3 d大于2 mm/d。

②土质边坡坡顶邻近建筑物的累计沉降、不均匀沉降或整体倾斜已大于国家标准《建筑地基基础设计规范》(GB 50007—2011)规定允许值的80%,或建筑物的整体倾斜度变化速度已连续3 d每天大于0.000 08。

③坡顶邻近建筑物出现新裂缝、原有裂缝有新发展。

④支护结构中,有重要构件出现应力骤减、压屈、断裂、松弛或破坏的迹象。

⑤边坡底部或周围岩土体已出现可能导致边坡剪切破坏的迹象或其他可能影响安全的征兆。

⑥根据当地工程经验判断已出现其他必须报警的情况。

对地质条件特别复杂的,采用新技术治理的一级边坡工程,应建立边坡工程长期检测系统。边坡工程检测系统包括监测基准网和监测点建设、检测设备仪器安装和保护、数据采集与传输、数据分析与处理及监测预报或总结等。

边坡工程监测报告应包括下列主要内容:

①边坡工程概况。

②监测依据。

③监测项目和要求。

④监测仪器的型号、规格和标定资料。

⑤测点布置图、监测指标时程曲线图。

⑥监测数据整理、分析和监测结果评述。

8.2.2　监测方法和监测仪器

边坡监测项目一般包括地表位移监测、地表裂缝位错监测、地面倾斜监测、裂缝多点位移监测、边坡深部位移监测、地下水监测、孔隙水压力监测及边坡地应力监测等。不同的监测项目有不同的监测方法。对实际工程,应根据边坡具体情况,选择不同的监测项目和监测方法。

1)地表位移监测

地表位移监测是在稳定的地段设置标准(基准点),在被测量的地段上设置若干个监测点(观测标桩)或有传感器的监测点,用仪器定期监测测点和基准点的位移变化或用无线边坡监测系统进行监测,从而判断边坡所处的状态。

地表位移监测仪器通常有两类:一是精度较高的大地测量仪器,如经纬仪、水准仪、全站仪、红外仪及 GPS 等,这类仪器只能定期的监测地表位移,不能连续监测地表位移变化;二是专门用于边坡变形监测的设备,如裂缝计、钢带和标桩、地表位移伸长计及全自动无线边坡监测系统等。

地表位移监测测量的内容包括边坡体水平位移与垂直位移以及变化速率。测量的点位误差、水准测量的每千米中误差,均应满足规范规定。

边坡地表变形观测通常可采用十字交叉网法(见图 8.1(a)),适用于滑体小、窄而长、滑动主轴位置明显的边坡;放射状网法(见图 8.1(b)),适用于较开阔、范围不大、在边坡两侧或上下方有突出的山包,能使测站通视全网的地形;任意观测网法(见图 8.1(c)),适用于地形复杂的大型边坡。

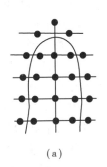　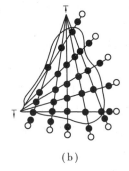　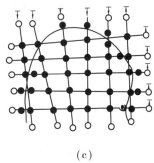

(a)　　　　　　　　　　(b)　　　　　　　　　　(c)

图 8.1　边坡表面位移观测网

2)边坡表面裂缝量测

边坡表面张性裂缝的出现和发展,往往是边坡岩土体即将失稳破坏的前兆信号。因此,这种裂缝一旦出现,必须对其进行监测。监测的内容包括裂缝的拉开速度和两端扩展情况。如果速度突然增大或裂缝外侧岩土体出现显著的垂直下降位移或转动,预示着边坡即将失稳破坏。

地表裂缝位错监测可采用伸缩仪、位错计或千分卡直接量测。测量精度为 0.1 ~ 1.0 mm。

对规模小、性质简单的边坡,在裂缝两侧设桩(见图8.2(a)),设固定标尺(见图8.2(b)),或在建筑物裂缝两侧贴片(见图8.2(c))等方法,均可直接量测位移量。

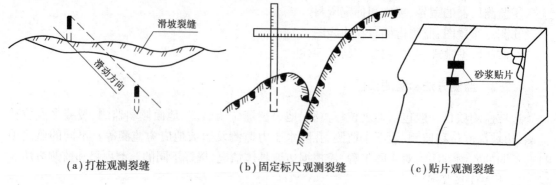

（a）打桩观测裂缝　　　　　（b）固定标尺观测裂缝　　　　（c）贴片观测裂缝

图8.2　裂缝观测示意图

对边坡位移的观测资料应及时进行整理和核对,并绘制边坡观测桩的升降高程、平面位移矢量图,作为分析的基本资料。从位移资料的分析和整理中,可以判别或确定出边坡体上的局部移动、滑带变形、滑动周界等,并预测边坡的稳定性。

3）边坡深部位移量测

边坡岩土体内部位移监测手段较多。目前,国内使用较多的主要为钻孔引伸仪和钻孔倾斜仪两大类。

（1）钻孔引伸仪

钻孔引伸仪(或钻孔多点伸长计)是一种传统的测定岩土体沿钻孔轴向移动的装置。它适用于位移较大的滑体监测。例如,武汉岩土力学所研制的WRM-3型多点伸长计,这种仪器性能较稳定,价格便宜,但钻孔太深时不好安装,且孔内安装较复杂;其最大的缺点就是不能准确地确定滑动面的位置。

（2）钻孔倾斜仪

钻孔倾斜仪运用到边坡工程中的时间不长。它是测量垂直钻孔内测点相对于孔底的位移(钻孔径向)。观测仪器一般稳定可靠,测量深度可达百米,且能连续测出钻孔不同深度的相对位移的大小和方向。因此,这类仪器是观测岩土体深部位移、确定潜在滑动面和研究边坡变形规律较理想的手段。目前,在边坡深部位移量测中得到广泛采用。例如,大冶铁矿边坡、长江新滩滑坡、黄蜡石滑坡、链子崖岩体破坏等均运用了此类仪器进行岩土深层位移观测。

钻孔倾斜仪由测量探头、传输电缆、读数仪及测量导管四大部件组成。其结构如图8.3所示。其工作原理是:利用仪器探头内的伺服加速度测量埋设于岩土体内的导管沿孔深的斜率变化。由于它是自孔底向上逐点连续测量的;因此,任意两点之间斜率变化累积反映了这两点之间的相互水平变位。通过定期重复测量,可提供岩土体变形的大小和方向。根据位移-深度关系曲线随时间的变化,可很容易地找出滑动面的位置,同时对滑移的位移大小及速率进行估计。如图8.4所示为一个典型的钻孔倾斜仪成果曲线。可知,在深度10.0 m处变形加剧,可断定该处就是滑动控制面。

钻孔倾斜仪测量成功与否,在很大程度上取决于导管的安装质量。导管的安装包括钻孔的形成、导管的吊装以及回填灌浆。

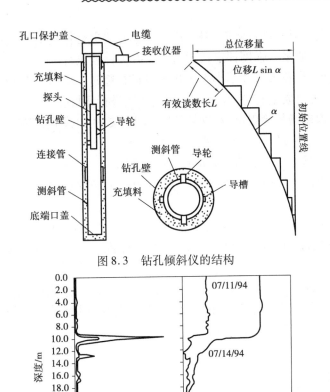

图 8.3　钻孔倾斜仪的结构

图 8.4　钻孔倾斜仪典型曲线

任务 8.3　边坡工程质量检验

边坡支护结构的原材料质量检验应包括下列内容：

①材料出厂合格证检查。

②材料现场抽检。

③锚杆浆体和混凝土的配合比试验,强度等级检验。

锚杆的质量验收应按《建筑边坡工程技术规范》附录 C 的规定执行。软土锚杆质量验收应按国家有关标准执行。

为确保灌注桩桩身质量符合规定的质量要求,应进行相应的检测工作,并根据工程实际情况采取有效、可靠的检验方法,真实反映灌注桩桩身质量;特别强调,在特定条件下应采用声波透射法检验桩身完整性,对灌注桩桩身质量存在疑问时,可采用钻芯法进行复检。

灌注桩检验可采取低应变动测法、预埋管声波透射法或其他有效方法,并应符合下列规定：

①对低应变监测结果有怀疑的灌注桩,应采用钻芯法进行补充检测;钻芯法应进行单孔或跨孔声波监测,混凝土质量与强度评定按现行国家有关标准执行。

②对一级边坡桩,当长边尺寸不小于 2.0 m 或桩长超过 15.0 m 时,应采用声波透射法检验桩身完整性;当对桩身质量有怀疑时,可采用钻芯法进行复检。

混凝土支护结构现场复检规定,对钢筋位置、间距、数量和保护层厚度,可采用钢筋探测仪复检。当对钢筋规格有怀疑时,可直接凿开检查。

喷射混凝土护壁厚度和强度的检验应符合下列规定:

①可用凿孔法或钻孔法检测面板护壁厚度,每 100 m² 抽检一组;芯样直径为 100 mm 时,每组应不少于 3 个点。

②厚度平均值应大于设计厚度,最小值应不小于设计厚度的 80%。

③混凝土抗压强度的检测和评定应符合国家标准《建筑结构检测技术标准》(GB/T 50344—2019)的有关规定。

从对已有边坡工程检测报告的调查中发现,检测报告形式繁多,表达内容、方式各不相同,报告水平参差不齐现象十分严重。因此,《建筑边坡工程技术规范》统一规定了边坡工程检测报告的基本要求。边坡工程质量检测报告应包括下列内容:

①工程概况。

②检测主要依据。

③检测方法与仪器设备型号。

④检测点分布图。

⑤检测数据分析。

⑥检测结论。

任务 8.4　边坡工程验收

边坡工程验收应取得下列资料:

①施工记录、隐蔽工程检查验收记录和竣工图。

②边坡工程与周围建(构)筑物位置关系图。

③原材料出厂合格证、场地材料复检报告或委托试验报告。

④混凝土强度试验报告、砂浆试块抗压强度试验报告。

⑤锚杆抗拔试验等现场实体检测报告。

⑥边坡和周围建(构)筑物监测报告。

⑦勘察报告、设计施工图和设计变更通知、重大问题处理文件及技术洽商记录。

⑧各分项、分部工程验收记录。

边坡工程验收应按国家标准《建筑工程施工质量验收统一标准》(GB 50300—2013)的有关规定执行。

项目小结

边坡工程施工应编制施工方案,应结合边坡的具体工程条件及设计基本原则,采取合理可行、行之有效的综合措施,在确保工程施工安全、质量可靠的前提下加快施工进度。应根据实际情况采用信息法施工,当边坡变形过大、变形速率过快、周边环境出现沉降开裂等险情时,应暂停施工,并根据险情状况采取应急处理措施。

边坡监测项目一般包括地表位移监测、地表裂缝位错监测、地面倾斜监测、裂缝多点位移监测、边坡深部位移监测、地下水监测、孔隙水压力监测及边坡地应力监测等。不同的监测项目有不同的监测方法。对实际工程,应根据边坡具体情况,选择不同的监测项目和监测方法。

边坡工程应确保工程质量,做好质量检验和验收工作。

思考与练习

1. 当边坡变形过大、变形速率过快、周边环境出现开裂等险情时,应暂停施工,采取一定措施,下述方法中( )是错误的。

    A. 坡脚被动区临时压重　　　　　　B. 坡体中部卸土减载

    C. 做临时性排水　　　　　　　　　D. 对支护结构进行临时加固

2. 边坡施工中的逆作法是指( )。

    A. 一次开挖,自下而上进行支护的方法

    B. 一次开挖,自上而下进行支护的方法

    C. 自上而下分级开挖分级支护的方法

    D. 自下而上分级开挖分级支护的方法

3. 边坡工程施工时,下述不正确的是( )。

    A. 开挖后欠稳定的边坡,应采取自下而上、分段跳槽、及时支护的逆作法施工

    B. 岩质边坡工程施工时,应采用信息施工法

    C. 对有支护结构的坡面进行爆破时,宜采用光面爆破法

    D. 边坡施工过程中,如发现变形过大、变形速率过快时,应暂停施工,采取适当的应急措施

4. 逆作法施工有什么特点?

5. 什么是信息法施工?信息法施工有什么特点?

6. 边坡工程常用的监测仪器和监测方法有哪些?

7. 边坡工程施工的一般规定有哪些?

8. 边坡支护结构的原材料质量检验应包括哪些内容?

参考文献

[1] 李建林,王乐华,何若全,等.边坡工程[M].重庆:重庆大学出版社,2013.

[2] 张永兴,吴曙光,阴可,等.边坡工程学[M].重庆:重庆大学出版社,2008.

[3] 刘兴远,雷用,康景文,等.边坡工程-设计·监测·鉴定与加工[M].北京:中国建筑工业出版社,2007.

[4] 郑颖人,陈祖煜,王恭先,等.边坡与滑坡工程治理[M].2版.北京:人民交通出版社,2010.

[5] 黄求顺,张四平,胡岱文,等.边坡工程[M].重庆:重庆大学出版社,2003.

[6] 蔡美峰,何满朝,刘东燕,等.岩石力学与工程[M].北京:科学出版社,2002.

[7] 赵明阶,何光春,王多垠,等.边坡工程处治技术[M].北京:人民交通出版社,2003.

[8] 李镜培,梁发云,赵春风,等.土力学[M].2版.北京:高等教育出版社,2008.

[9] 佴磊,徐燕,代树林,等.边坡工程[M].北京:科学出版社,2010.

[10] 李智毅,杨裕云,刘佑荣,等.工程地质学概论[M].武汉:中国地质大学出版社,1994.

[11] 王渭明,杨更社,张向东,等.岩石力学[M].徐州:中国矿业大学出版社,2010.

[12] 门玉明,王勇智,郝建斌,等.地质灾害治理工程设计[M].北京:冶金工业出版社,2011.

[13] 张咸恭,王思敬,张悼元,等.中国工程地质学[M].北京:科学出版社,2000.

[14] 张咸恭、王思敬,李智毅,等.工程地质学概论[M].北京:地震出版社,2005.

[15] 张倬元,王士天,王兰生,等.工程地质分析原理[M].4版.北京:地质出版社,2017.

[16] 黄润秋,张伟锋,裴向军.大光包滑坡工程地质研究[J].工程地质学报,2014,22(4):557-585.

[17] 李滨,王国章,冯振.地下采空诱发陡倾层状岩质斜坡失稳机制研究[J].岩石力学与工程学报,2015,34(6):1148-1161.

[18] 李玉生,谭开鸥,王显华.武隆县鸡冠岭岩崩特征[J].中国地质灾害与防治学报,1994,5(2):92-94.

[19] 吕小平.工程地质类比分析的扩展及实现方法[J].地质论评,1993,39(5):412-417.

[20] 刘传正.重庆武隆鸡尾山危岩体形成与崩塌成因分析[J].工程地质学报,2010,18(3):297-304.

[21] 覃伟,徐智彬,李东林.渗透性与降雨强度对堆积层滑坡稳定性的影响[J].地质与勘

探,2016,52(4):743-750.

[22] 李腾飞,李晓,王瑞青.地下采矿诱发斜坡移动变形分析[J].工程地质学报,2014,22(1):64-70.

[23] 许强,黄润秋,殷跃平,等.2009年"6·5"重庆武隆鸡尾山崩滑灾害基本特征与成因机制初步研究[J].工程地质学报,2009,17(4):432-444.

[24] 李守定,李晓,董艳辉,等.重庆万州吉安滑坡特征与成因研究[J].岩石力学与工程学报,2005,24(17):3159-3164.

[25] 简文星,殷坤龙,闫天俊,等.重庆万州区民国场滑坡基本特征及形成机制[J].中国地质灾害与防治学报,2005,16(4):20-23.

[26] 李守定,李晓,吴疆,等.大型基岩顺层滑坡滑带形成演化过程与模式[J].岩石力学与工程学报,2007,26(12):2473-2480.

[27] 黄润秋,裴向军,李天斌.汶川地震触发大光包巨型滑坡基本特征及形成机理分析[J].工程地质学报,2008,16(6):730-741.

[28] 四川南江水文地质队,成都地质学院工程地质研究室.孔隙水压力导致滑坡复活的一个典型实例——四川云阳鸡扒子滑坡的形成机制和稳定性分析[J].地质学报,1985(2):172-182.

[29] 李腾飞,李晓,苑伟娜.地下采矿诱发山体崩滑地质灾害研究现状与展望[J].工程地质学报,2011,19(6):831-838.

[30] 李迎春,吴疆.重庆市万州区荆竹屋基滑坡特征及成因分析[J].中国地质灾害与防治学报,2014,25(3):32-37.

[31] 姜波,柴波,方恒,等.万州孙家荆竹屋基滑坡滑动模型研究[J].长江科学院院报,2015,32(8):103-109.

[32] 中华人民共和国住房和城乡建设部.建筑边坡工程技术规范:GB 50330—2013[S].北京:中国建筑工业出版社,2013.

[33] 中华人民共和国交通运输部.公路工程地质勘察规范:JTG C20—2011[S].北京:人民交通出版社,2011.

[34] 中华人民共和国住房和城乡建设部.岩土工程基本术语标准:GB/T 50279—2014[S].北京:中国计划出版社,2015.

[35] 中华人民共和国建设部.岩土工程勘察规范(2009年版):GB 50021—2001[S].北京:中国建筑工业出版社,2002.

[36] 中华人民共和国住房和城乡建设部.建筑地基基础设计规范:GB 50007—2011[S].北京:中国建筑工业出版社,2012.

[37] 中华人民共和国住房和城乡建设部.建筑抗震设计规范(2016年版):GB 50011—2010[S].北京:中国建筑工业出版社,2016.

[38] 中华人民共和国建设部.土的工程分类标准:GB/T 50145—2007[S].北京:中国计划出版社,2001.

[39] 中华人民共和国住房和城乡建设部.工程岩体分级标准:GB/T 50218—2014[S].北京:中国计划出版社,2014.

[40]《工程地质手册》编委会.工程地质手册[M].5版.北京:中国建筑工业出版社,2018.